中国石油和化学工业优秀教材

普通高等教育"十三五"规划教材

化工原理实验

第三版

李 鑫 崔培哲 齐建光 主编
孟凡庆 朱兆友 王英龙 参编

U0300777

化学工业出版社
·北京·

《化工原理实验》(第三版) 介绍了与化工原理实验有关的实验误差分析、实验数据处理方法及化工常见的物理量如温度、压力、流量等的测量方法；精选了 13 个化工原理实验，包括 6 个基本实验（流体力学综合实验、传热综合实验、螺旋板换热器传热系数测定、精馏综合实验、填料塔吸收脱吸综合实验、干燥速率曲线的测定），2 个设计实验（管路设计与安装实验、精馏设计实验），3 个演示实验（伯努利方程实验、边界层分离实验、雷诺数演示实验）及 2 个选做实验（过滤实验和热管传热实验）。

《化工原理实验》(第三版) 主要作为高等院校化工及相关专业的实验教学教材。

图书在版编目（CIP）数据

化工原理实验/李鑫，崔培哲，齐建光主编．—3 版．—北京：化学工业出版社，2019.12（2025.2重印）
中国石油和化学工业优秀教材 普通高等教育“十三五”规划教材
ISBN 978-7-122-35356-6

Ⅰ.①化… Ⅱ.①李…②崔…③齐… Ⅲ.①化工原理-实验-高等学校-教材 Ⅳ.①TQ02-33

中国版本图书馆 CIP 数据核字（2019）第 223232 号

责任编辑：刘俊之　　装帧设计：韩　飞
责任校对：王　静

出版发行：化学工业出版社（北京市东城区青年湖南街 13 号　邮政编码 100011）
印　　装：北京科印技术咨询服务有限公司数码印刷分部
787mm×1092mm　1/16　印张 6¼　字数 147 千字　　2025 年 2 月北京第 3 版第 7 次印刷

购书咨询：010-64518888　　售后服务：010-64518899
网　　址：http://www.cip.com.cn
凡购买本书，如有缺损质量问题，本社销售中心负责调换。

定　　价：19.00 元

版权所有　违者必究

前　　言

化工原理实验是化工及相关专业必修的一门技术基础实验课程，是培养学生具有工程观念、创新意识和能力的一项重要实践。它强调工程观点、定量计算、实践技能和设计能力的训练。本课程在基础课与专业课之间起着承上启下、由理及工的桥梁作用。

随着科学技术和我国国民经济的快速发展，社会对化工技术人才的培养提出了更高的要求。多年来，我们注重实验装置、实验技术、实验内容和实验方法的改革与创新，以适应新形势下培养高层次化工科技人才的需要。

作为实验教材，本书的编写重点突出了以下几个方面：

1. 优化知识结构，重视基本技能的培养。从化工单元操作实验的共性出发，涵盖了化工原理实验教学的通用内容，配合课堂教学，加强对学生动手操作能力的培养。

2. 突出工程观念，培养学生的工程意识与工程能力。通过以工程问题为原型的综合实验，锻炼学生解决实际复杂问题的能力。

3. 开拓实验思路，激发学生的创造力。通过问题开放式的设计型实验，培养学生主动思考多途径解决问题的能力。

4. 强调协作意识，培养学生的团队精神。

5. 适应形势，强调应用软件的数据处理方法。

本书由青岛科技大学化工过程实验中心李鑫、崔培哲、齐建光主编，孟凡庆、朱兆友、王英龙参与编写。在总结多年实验教学经验的基础上，我们参考国内多本实验教材或实验讲义，结合实验中心的自制实验装置编写了本书。在编写过程中，得到了学校及学院的大力支持和教研室实验指导教师的帮助，在此表示诚挚的感谢！

本书主要作为高等学校化工及相关专业的实验教材。欢迎广大师生和读者多提宝贵意见，以便我们更好地完善本书，提高实验教学水平。

编者

2019 年 7 月

目　录

绪　论

一、化工原理实验的特点

化工原理是一门介于基础课与工程技术课之间的基础技术课程，属于工程学科。它是用自然科学的基本原理来分析和处理化工生产中的物理过程，以实际的工程问题为研究对象，所涉及的理论和计算方法与实验研究是紧密联系的。化工原理实验是学习、掌握和运用这门课程必不可少的重要环节，与理论课、习题课、课程设计等教学环节构成一个有机的整体，具有明显的工程特点，其面对的是复杂的实际问题和工程问题。工程实验所处理的物料种类繁多，使用的设备大小不一，过程中变量多，工作量大，所以，它远比基础课实验复杂。

二、化工原理实验的研究方法

目前化工原理实验研究方法有实验法和数学模型法两种。

1. 实验法

（1）直接实验法

直接实验法是最初采用的方法，用于数学分析法无法解决的工程问题上。对被研究的对象进行直接观察、实验，由此法所得到的结果是可靠的，但是只适用于特定的实验条件和设备。因此，仅仅能应用到实验条件完全一致的现象上去。这种研究方法难以抓住现象的本质，所得出的只是个别量之间的关系，这种方法有很大的局限性。

（2）量纲论指导下的实验研究方法

量纲论指导下的实验研究方法，又称量纲分析法，此法不需要对所研究的对象深入理解，也不一定使用真实的物料或采用实际的设备尺寸，只通过模拟物料（如空气、水）在实验室规模的设备中，有初步实验或分析，找出过程的影响因素，按照量纲分析方法将其组成若干个无量纲数群，然后利用实验求出各个无量纲数群之间的具体函数关系，由这种方法得到经验公式。在量纲论指导下的实验研究方法具有以小见大、由此及彼的优点，是目前解决难以作出数学描述的复杂问题的有效方法。如湍流时管内摩擦系数的计算。

2. 数学模型法

数学模型法是在对所研究的过程充分认识的基础上，将过程高度概括，得出简化而不失真的物理模型，然后进行数学描述——数学方程。这种方法同样具有以小见大、由此及彼的功能。数学模型法离不开实验，因为简化模型由对过程的深刻理解而来的，其合理性需要实验来检验，模型中引入的参数也需要通过实验来测定。其进行步骤为：由预实验认识过程，设想简化模型——建立数学模型——由实验检验简化模型的合理性——由实验确定模型参数。

三、化工原理实验的目的

① 培养学生的工程能力，验证化工单元操作的基本理论，巩固所学知识。学生通过实验验证化工过程的基本理论，并在运用理论分析实验的过程中，可使在化工原理课程中讲授

的理论知识得到进一步的理解和巩固。

② 学习和了解化工原理工程实验的研究方法，掌握如何控制和测量实验中的操作条件，熟悉获取数据以及分析和整理所测数据的技术。学生在试验过程中，通过实验装置的流程、操作条件的确定、测试仪表的选择、过程控制和准确数据的获得，以及实验操作分析、故障处理等，可为将来的实际工作和科研与开发打下较好的基础。

③ 理论联系实际。化工原理实验是针对化工生产中所遇到的常见的单元操作进行的。学生通过对实验现象和实验结果的分析，应具备在真实设备中来预测某些参数的变化对过程的影响，并做出合理调节的能力。通过实验了解典型化工设备的性能和操作，并熟悉化工常用仪表的使用方法。

④ 增强工程观点，培养科学实验能力。化工原理实验属于工程实验的范畴，试验过程中涉及的变量多，物流复杂，为了通过较为简便的实验研究就得到描述过程的经验方程，最常使用的就是量纲分析法和数学模型的方法。化工原理实验可通过培养学生进行实验设计、组织实验并从中获得可靠的结论、提供基础数据，从而直接服务于化学工程设计，来掌握这些处理工程问题的实验方法。

⑤ 培养学生独立思考的能力和实事求是的科学态度。实验研究是实践性很强的工作，要求学生具有一丝不苟的工作作风和严肃认真的工作态度，从实验操作、现象观察到数据处理等各个环节都不能有丝毫马虎。如果粗心大意、敷衍了事，轻则实验数据不准确，得不到可信的结论；重则会造成事故。

四、化工原理实验的要求

实验课应要求学生掌握科学实验的全过程，包括下列几项。

1. 实验前的准备

对参加实验的学生要求必须做到：

① 要认真阅读实验指导书和有关资料，掌握实验目的要求和内容。

② 在实验室做现场预习，了解实验装置的结构、流程、测试点和操作控制点的位置，并熟悉测量仪表的使用方法。

③ 组织好实验小组，要求 2～3 人一组，小组应讨论和拟定实验方案，预先要做好分工，写出预习报告。预习报告的内容包括：实验目的；实验的基本原理；实验装置流程简图，并标明控制点和测试点；实验操作步骤要点及数据点的分布；设计原始数据记录表格等。

2. 实验操作

实验过程中，应全神贯注地进行操作，如实地按照仪表显示的数据进行记录；另一方面又要细心地观察，注意发现问题，进行理论联系实际的思考。

对于实验中出现的各种现象要加以分析，对测得的数据要考虑它们是否合理。

由于种种原因出现数据重复性差，甚至反常现象，规律性差的现象，应找出原因加以解决，必要时进行返工。

3. 实验后的总结

编写报告是整个实验的最后环节，也是学生进行综合训练的重要一环。

实验报告中，学生应将测得的数据、观察到的现象、计算结果和分析结论等用科学的工程语言表达出来。

实验报告必须书写工整，图表美观清晰，结论明确，分析中肯。实验报告可在预习报告的基础上完成，报告应包括下列几点：

① 实验报告的题目；

② 实验时间、报告人、同组者；

③ 实验目的；

④ 实验的基本原理；

⑤ 实验装置流程简图，并标明控制点和测试点；

⑥ 实验操作步骤要点及数据点的分布；

⑦ 实验原始数据记录表及数据处理结果表，计算举例；

⑧ 实验结果的曲线图、公式或结论，并标明实验条件；

⑨ 实验结果讨论。

第一章　实验误差分析和数据的测量与处理

一、实验误差分析

因实验方法和设备不完善，环境及人的观察力和测量程序等影响，实验观测值和真值间存在着一定的差异，这种差异的数值即称为误差。误差分析的目的就是评定实验数据的精确性或误差，通过误差分析，可以认清误差的来源及其影响，并设法排除数据中所包含的无效成分，还可进一步改进实验方案。在实验中应注意哪些是影响实验精确度的主要方面，细心操作，从而提高实验的精确性。

1. 真值与平均值

真值是一个理想的概念，是无法测得的，但对某一物理量，经过无限多次测量，出现的误差有正有负，正负误差出现的概率是相同的。求出测量值的平均值，在无系统误差存在的情况下，此平均值非常接近物理量的真值。因为实际测量次数是有限的，所得到的平均值只能近似接近真值，此值称为最佳值。实际计算中，往往将最佳值作为真值来使用。

化工中常用的平均值计算方法如下：

（1）算术平均值

$$x_{\mathrm{m}}=\frac{x_1+x_2+\cdots+x_n}{n}=\frac{\sum_{i=1}^{n}x_i}{n}$$

凡是测定值的分布服从正态分布时，算术平均值为最佳值。

（2）均方根平均值

$$x_{均}=\sqrt{\frac{x_1^2+x_2^2+\cdots+x_n^2}{n}}=\sqrt{\frac{\sum_{i=1}^{n}x_i^2}{n}}$$

（3）几何平均值

$$\overline{x_n}=\sqrt[n]{x_1x_2\cdots x_n}$$

（4）对数平均值

$$x=\frac{x_1-x_2}{\ln\frac{x_1}{x_2}}$$

对数平均值多用于热量和质量传递中，当$\frac{x_1}{x_2}<2$时，可用算术平均值代替对数平均值，引起的误差不超过4.4％。

对一组测量值取对数，其图形的分布曲线对称时，常用几何平均值。

化工实验中数据分布多属于正态分布，所以常采用算术平均值。

2. 误差的分类

误差指测量值与真值之差，偏差是指测量值与平均值之差。当测量次数足够多时，以上两值很接近，习惯上二者混用。

按照误差的性质和其产生的原因可分为三类。

（1）系统误差

系统误差是由某些不变的因素引起的。在相同条件下，多次测量，其误差的数值和正负相同。当条件改变时，误差按一定的规律变化。

误差产生的原因与测量仪表的准确度、外界环境影响、测量方法的近似与否和人的习惯偏向有关。可按具体原因采取适当措施进行校正。

（2）随机误差

这是由某些不易控制的因素造成的。在相同条件下，多次测量，误差值和符号不确定，但服从统计规律，随测量次数增多，其误差的算术平均值趋近于零。

（3）过失误差

一种与事实不符的误差，误差值大，无规律。主要因实验者读数或操作不当造成的。相应的观测值在整理数据时应去掉。只要认真负责地工作，这种误差是可以避免的。

系统误差及过失误差可以消除，随机误差为主要研究对象。

3. 误差的表示方法

（1）绝对误差与相对误差

测量值与真值之间的差的绝对值为误差，又称绝对误差。设测量值为 x，真值为 X，则绝对误差 D 为：

$$D=|X-x|$$

$$X-x=\pm D$$

$$x-D\leqslant X\leqslant x+D$$

真值可由多次测量的平均值代替。设某物理量的最大测量值为 x_1，最小测量值为 x_2，则平均值 x_m 为：

$$x_m=\frac{x_1+x_2}{2}$$

$$x_m-D<X<x_m+D \quad 即\ x_2<X<x_1$$

$$最大绝对误差\ D_{max}=\frac{x_1-x_2}{2}$$

化工原理实验中最常用的 U 形管压差计、转子流量计、秒表、量筒、电压表等仪表，原则上均取其最小刻度值为最大误差，而取其最小刻度值的一半作为绝对误差计算值。有时绝对误差不能用来比较测量值之间误差的大小，就引出了相对误差。绝对误差 D 与真值绝对值的比称相对误差。

$$E_r=\frac{D}{|X|}$$

式中的 X 用平均值 x_m 代替。

例：某炉中温度测出在 1150℃与 1140℃之间，求其最大绝对误差 D_{max}、平均值和相对误差。

解　平均值 $T_m=\frac{1150+1140}{2}=1145℃$

$$最大误差\ D_{max}=\frac{1150-1140}{2}=5℃$$

$$T=(1145\pm5)℃$$

$$相对误差\ E_r=\frac{D}{|X|}=\frac{5}{1145}=0.44\%$$

（2）算术平均误差

$$\delta=\frac{\sum|x_i-x_m|}{n}=\frac{\sum|d_i|}{n}$$

式中，n 为测量次数；x_i 为测量值；d_i 为测量值与算术平均值的偏差。

（3）标准误差

即均方根误差，对有限测定次数：

$$标准误差\ \sigma=\sqrt{\frac{\sum d_i^2}{n-1}}$$

它不但与一系列测量值中的每个数据有关。而且对其中较大的误差或较小的误差敏感性很强，能较好地反映实验数据的精确度，实验越精确，其标准误差越小。因此，广泛采用这种误差作为评定化工测量精确度的标准。

4. 精密度与准确度

测量质量的高低还可以用精密度和准确度来表示。

（1）精密度

精密度指测量中所测量数值的重复程度，它反映了随机误差的大小，精密度高指随机误差小。

（2）准确度（精确度）

表示测量结果与真值间的接近程度，它反映了测量中所有系统误差与随机误差的总和。测量时的精密度高，准确度不一定高，但准确度高，其精密度一定高。

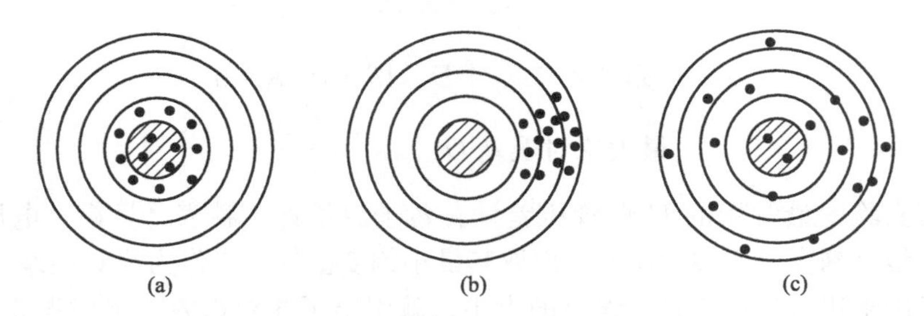

图 1-1　精密度与准确度示意图

如图 1-1 所示，(a) 表示精密度与准确度都很好；(b) 表示精密度很好，但准确度不高；(c) 表示精密度与准确度都不好。

实验中不能只满足于数据的重复性而忽略数据的准确程度。

5. 间接测量的误差传递

在实验中有些物理量不能直接测量，而是由一些可以直接测量的物理量，按一定的函数关系计算出来的。因此，间接测量的误差需由直接测量的误差值来计算。

设一函数　$y=f(x_1,x_2,\cdots,x_n)$

式中，$x_1, x_2, \cdots, x_n$ 为各直接测量值。

设 $\Delta x_1, \Delta x_2, \cdots, \Delta x_n$ 分别代表各测量值的绝对误差，Δy 代表由 $\Delta x_1, \Delta x_2, \cdots, \Delta x_n$ 引起的 y 的绝对误差。

$$y+\Delta y=f(x_1+\Delta x_1, x_2+\Delta x_2, \cdots, x_n+\Delta x_n)$$

将式右边按泰勒级数展开，并略去二阶以上的项：

$$\Delta y=\frac{\partial f}{\partial x_1}\Delta x_1+\frac{\partial f}{\partial x_2}\Delta x_2+\cdots+\frac{\partial f}{\partial x_n}\Delta x_n$$

函数的相对误差为：

$$E_r=\frac{\Delta y}{y}=\frac{\partial f}{\partial x_1}\times\frac{\Delta x_1}{y}+\frac{\partial f}{\partial x_2}\times\frac{\Delta x_2}{y}+\cdots+\frac{\partial f}{\partial x_n}\times\frac{\Delta x_n}{y}$$

为了计算方便，将简单运算的函数误差关系式列入表 1-1 中。

表 1-1　简单运算的函数误差关系

数学公式	函数误差关系式	
	最大绝对误差	最大相对误差
$y=x_1+x_2+\cdots+x_n$	$\Delta y=\pm\lvert\Delta x_1\rvert+\lvert\Delta x_2\rvert+\cdots+\lvert\Delta x_n\rvert$	$E_r(y)=\frac{\Delta y}{y}$
$y=x_1-x_2$	$\Delta y=\pm(\lvert\Delta x_1\rvert+\lvert\Delta x_2\rvert)$	$E_r(y)=\frac{\Delta y}{y}$
$y=x_1x_2$	$\Delta y=\pm(\lvert x_1\Delta x_2\rvert+\lvert x_2\Delta x_1\rvert)$	$E_r(y)=\pm\left(\left\lvert\frac{\Delta x_1}{x_1}\right\rvert+\left\lvert\frac{\Delta x_2}{x_2}\right\rvert\right)$
$y=x_1x_2x_3$	$\Delta y=\pm(\lvert x_1x_2\Delta x_3\rvert+\lvert x_1x_3\Delta x_2\rvert+\lvert x_2x_3\Delta x_1\rvert)$ 或 $\Delta y=yE_r(y)$	$E_r(y)=\pm\left(\left\lvert\frac{\Delta x_1}{x_1}\right\rvert+\left\lvert\frac{\Delta x_2}{x_2}\right\rvert+\left\lvert\frac{\Delta x_3}{x_3}\right\rvert\right)$
$y=x^n$	$\Delta y=\pm(\lvert nx^{n-1}\Delta x\rvert)$或 $\Delta y=yE_r(y)$	$E_r(y)=\pm\left(n\frac{\Delta x}{x}\right)$
$y=\sqrt[n]{x}$	$\Delta y=\pm\left(\left\lvert\frac{1}{n}x^{\frac{1}{n}-1}\times\Delta x\right\rvert\right)$或 $\Delta y=yE_r(y)$	$E_r(y)=\pm\left(\left\lvert\frac{1}{n}\times\frac{\Delta x}{x}\right\rvert\right)$
$y=\frac{x_1}{x_2}$	$\Delta y=yE_r(y)$	$E_r(y)=\pm\left(\left\lvert\frac{\Delta x_1}{x_1}\right\rvert+\left\lvert\frac{\Delta x_2}{x_2}\right\rvert\right)$
$y=cx$	$\Delta y=\pm\lvert c\Delta x\rvert$或 $\Delta y=yE_r(y)$	$E_r(y)=\pm\left\lvert\frac{\Delta x}{x}\right\rvert$
$y=\lg x$	$\Delta y=\pm\left\lvert\frac{0.43429}{x}\times\Delta x\right\rvert$	$E_r(y)=\frac{\Delta y}{y}$

二、实验结果数据表示法

1. 有效数字的处理

实验测量中使用的仪表具有一定的精度，因此，测量或运算的结果不可能超过仪表所允许的精度范围。所测的数值往往最后一位数为估计值，是欠准确的。实验数据的有效数字位数必须反映出仪表的准确度和存在疑问数字的位置。如测得一压差计读数为 $125.7mmH_2O$，前三位数字是确定的，最后一位数字是估计出来的欠准确数字，此读数应为四位有效数字。

当实验结果数值位数较多时，需要将数字截止到所要求的位数，若用四舍五入的方法，往往入多于舍，会使所得的数值偏大，采取下述的规则可以使尾数入与舍的概率相同。

这个规则是：尾数小于5则舍；尾数大于5则入；尾数等于5时，若其后面的数字不为0，则进位，若5后面的数字为0，则当5前面数字为奇数时进位，为偶数时不进位。

如：5.35→5.4　　5.45→5.4

　　5.38→5.4　　5.42→5.4

有效数字的运算规则：

① 加、减法运算　运算结果所得的和或差其有效数字位数以参加运算的各数中小数点后位数最少的为准。

如：52.35＋27.1＝79.45→79.5

　　52.35－27.1＝25.25→25.3

② 乘、除法运算　两个数相乘或相除的积或商，其有效数字位数以各因子中有效数字位数最少的为准。

③ 乘方、开方运算　对数的有效数字位数应与其真数相同。

2. 实验结果数据表示法

数值的大小和误差（即精度）应同时给出。有下列几种表示方法：

(1) 已知绝对误差

某数据为 $y=6.325$，其绝对误差 $\Delta y=\pm 0.075$，此数据可写成 $y=6.325\pm 0.075$。

(2) 已知数据 n 次重复测量的标准误差

设 $\sigma=0.011$，n 次重复测量的算术平均值 $L_m=1.024$，则实验最后结果 L_m 应写成

$$L_m=1.024\left(\pm\frac{\sigma}{\sqrt{n}}\right)=1.024\left(\pm\frac{0.011}{\sqrt{n}}\right)$$

(3) 已知相对误差

设测量值 $y=99.5$，其相对误差 $\Delta y/y=0.006$，最后结果应写成 $y=99.5(1\pm 0.006)$。

3. 过失误差的删除

测量中有时出现少量过大或过小的数值，这些异常的数值对测量结果不利，应从结果中去掉，但不能人为地丢掉一些误差大的正常测量值，否则会使测量结果不真实。

判断属于正常值较简单的方法是 3σ 准则（拉依达准则），凡是误差大于三倍标准误差的数值应舍去，因为由随机误差正态分布概率理论可知，大于 3σ 的误差出现的概率不到0.3%，在测量数 n 较大时，此准则比较好。

三、数据的测量

进行测量数据时，应首先考虑在测量范围内各测量点的分配。

① 若各点最后在直角坐标纸上能整理成直线关系，各测量点在测量范围内应均匀分配。

② 在对数坐标纸上能整理成直线的各测量点的分配应当不均匀。为了使各点能均匀分布在对数坐标纸上，可按等比级数的原则分配测量点数值。其作法如下：根据自变量测量值的最大值（x_{max}）、最小值（x_{min}）及其间要分配的测点数（n）算出公式比值（k），即可

确定各测量点的分配值（$x_1, x_2, \cdots, x_n$）

$$k=\left(\frac{x_{\min}}{x_{\max}}\right)^{\frac{1}{n-1}}$$

按 $x_n=kx_{n+1}$ 或 $x_{n+1}=\frac{x_n}{k}$ 求出各测量点自变量值。

③ 若各测量点最后在坐标纸上能整理成曲线，则各测量点分配不能全按平均分配，应在曲率大的部位取点密些。

四、数据的处理

实验数据通常有三种表示方法：列表法、图解法和方程式法。

1. 列表法

实验数据的初步整理是列表法。实验数据表分为记录表和结果综合表两种。记录表分原始数据记录表、计算结果记录表。实验原始数据记录表是按照实验内容设计的，必须在实验正式开始前列出表格，以传热综合实验为例，如表 1-2、表 1-3 所示。

表 1-2　原始记录表举例

序　号	空气的流量 /(m^3/h)	空气 进口温度/℃	空气 出口温度/℃
1			
2			
3			

表 1-3　计算结果表举例

序　号	空气的流量 /(m^3/s)	传热速率 Q	总传热系数 K
1			
2			
3			

实验结果综合表表示变量间的关系，表达实验中得出的结论。该表应简明扼要，只包括所研究变量关系的数据。表 1-4 为流体流动阻力实验的 λ 与 Re、e/d 的综合表。

表 1-4　综合表举例

e/d						
a_1		a_2		a_3		…
$\lambda\times10^2$	$Re\times10^{-4}$	$\lambda\times10^2$	$Re\times10^{-4}$	$\lambda\times10^2$	$Re\times10^{-4}$	…
…	…	……	…	…	…	…

表中所列的数据应该是足够的。制定实验表时，应遵循下列几条：

① 表的标题要清晰，说明问题。

② 测量单位应在表头中标明，不要和数据写在一起。

③ 数据必须真实地反映仪表的精确度。即数字写法应注意有效数字的位数，每列以小数点对齐。

④ 对于数量级很大或很小的数，在表头中乘以适当的倍数。例如 $Re=28000$，用科学记数法表示为 $Re=2.8\times10^4$。列表时，表头写为 $Re\times10^{-4}$，数据表中数字则写为 2.8。这种情况在化工数据表中经常遇到。

⑤ 整理数据时，应尽可能将一些计算中始终不变的物理量归纳为常数，避免重复计算。

⑥ 在记录表格下边，要求附以计算示例，表明各项之间的关系，以便于阅读或进行校核。

2. 图解法

这种方法比较列表法简明直观，能显示出函数的最高点、最低点、转折点和周期性，并便于在不同条件下进行比较。准确的图形还可以在不知数学表达式的情况下进行微积分运算，因此得到广泛的应用。

作曲线图时必须依据一定的法则，只有遵守这些法则，才能得到与实验点位置偏差最小且光滑的曲线图形。

（1）坐标纸的选择

直角坐标纸用于线性函数，对于符合 $y=kx+b$ 的数据，在直角坐标纸上表现为一条直线。

对数坐标纸用于幂函数，符合 $y=ax^m$ 的数据在此坐标纸上为一条直线。

半对数坐标纸用来处理指函数。$y=ka^x$ 方程式在此坐标纸上为一直线。

此外，当自变量和因变量两者最大和最小值间数量级相差较大时，可采用对数坐标纸。当两变量中之一的最大最小值间数量级相差较大时，也可采用半对数坐标纸。

（2）坐标分度

即有关选择坐标比例尺的问题。若比例不当，会使图形失真。在选择坐标比例时必须考虑到 x、y 的测量误差。只有在自变量 x 和因变量 y 测量误差已知的条件下，x 和 y 间的函数关系才具有固定的形式，但为了得到较理想的图形，应适当选择比例尺。通常按照下法：

$$\text{坐标比例尺 } M_x=\frac{2}{2\Delta x}=\frac{1}{\Delta x}$$

$$M_y=\frac{2}{2\Delta y}=\frac{1}{\Delta y}$$

式中，Δx 为自变量 x 的测量误差（$x\pm\Delta x$）；Δy 为自变量 y 的测量误差（$y\pm\Delta y$）。

如某测量数据为 $y\pm0.2$ 和 $x\pm0.05$，则：

$$M_x=\frac{1}{\Delta x}=\frac{1}{0.05}=20$$

$$M_y=\frac{1}{\Delta y}=\frac{1}{0.2}=5$$

x 轴单位长度为 y 轴长度的 4 倍。

当 x、y 都是直接测量值时，Δx、Δy 可由仪表的准确度确定它们的值。对于间接测量值，误差值应按误差传递公式计算出来。

（3）曲线的标绘

标绘曲线首先应有足够的数据点，曲线应光滑连续，尽量无转折点。若非有转折点不可时，转折点附近应当有较多的实验点。各实验点应均匀地分布在曲线的两侧。坐标纸上应标明所表示量的符号、单位、曲线的名称及有关实验的主要条件。

使用对数坐标纸时，应注意用法。标在坐标轴上的值为真值，坐标原点不能为零。1、10、100、1000 等各值的对数分别为 0、1、2、3…所以相邻两对数之差相等。在对数坐标纸上每一数量级的距离是相等的。由于 lg1＝0、lg2＝0.30、lg3＝0.47，故在每一个大格（表示一个数量级）内各数值的间隔是不相等的。

图必须有图号和图题，以便于排版和引用。必要时还应有图注。

不同线上的数据点可用○、*、◆等不同符号表示，且必须在图上明确地标出。

3. 方程表示法

化学工程实验研究中，除了用上述两种方法表示实验结果外，常常把数据整理成方程式，以便描述过程变量之间的关系。

（1）方程式函数形式和确定

进行实验数据处理前，首先要确定函数的具体形式。化工过程常用的函数形式有下列几种。

① 多项式　多项式所描述的函数关系一般是一个经验方程，它仅仅反映了各变量的数量关系，并不具有物理意义。如比热容 c_p 和温度 t 的关系通常表示为：

$$c_p = a_0 + a_1 t + a_2 t^2 + \cdots$$

② 幂函数　由量纲分析法导出的无量纲式为一个幂函数。如传热过程中对流传热系数关联式：

$$Nu = ARe^m Pr^n$$

③ 指数函数　在反应工程中，常用此函数描述反应过程：

$$y = A_0 e^{A_1 x}$$

除了以上三种形式外，对某些具体过程经分析和简化后可得到相应的函数，另外，也可参考文献资料，由其中选择。当以上方法都不能使用时，可将实验数据先在直角坐标纸上标绘曲线，然后参照典型函数图形选择适当的函数形式。

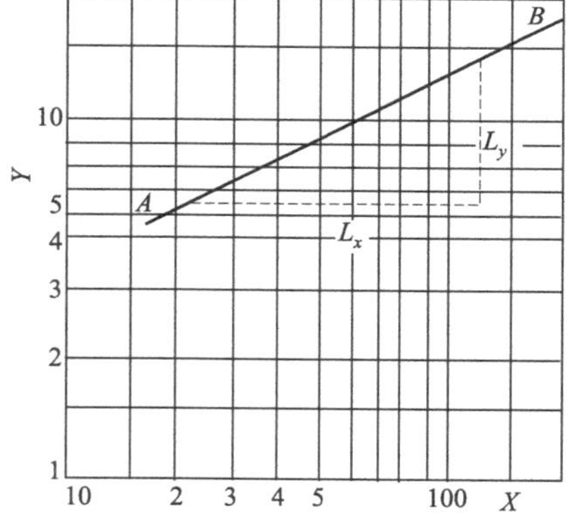

图 1-2　对数坐标中直线斜率和截距的图解法

（2）经验公式中待定系数的求法

当函数关系确定后，若为非线性关系，还需要进行函数关系的线性化。再进一步就是确定方程中待定系数的问题。常用两种方法。

① 直线图解法　凡属于直角坐标纸上能绘出一条直线的数据或经过变换后在对数坐标纸上可作出直线的数据，它们所关联的方程式皆可用此法求待定系数。

如图 1-2 中的直线 AB，原来形式为 $y = kx^b$，线性化后成为 $\lg y = b\lg x + \lg k$。令 $\lg y = Y$，$\lg x = X$，$\lg k = a$（常数），得 $Y = bX + a$（直线关系）。

$$\text{直线斜率：} b = \frac{\lg y_2 - \lg y_1}{\lg x_2 - \lg x_1}$$

在所绘直线上取两对（x，y）值按上式计算，或者用直尺直接测量出直线上 A、B 两点间的水平及垂直距离，按下式计算：

$$b = \frac{L_y}{L_x}$$

直线截距的求法：$x=1$，$y=k$，k 值可由直线与 y 轴相平行且 $x=1$ 的直线的交点的纵坐标来确定。若在图上找不到平行于 y 轴 $x=1$ 的直线时，可由所绘直线上取任一点的一对

坐标值代入方程 $y=kx^b$ 中求取。

$$k=\frac{y_1}{x_1^b}$$

检验方程式拟合实验点的标准往往是看数据的偏差和是否接近于零。所谓偏差是指实验数据中，自变量 x_i 代入方程式 $y=bx+a$ 求出相应的 y_i'，实测的 y_i 与 y_i' 相减的差值 $v_i=y_i-y_i'$，$\sum v_i=0$。

② 最小二乘法　图解法是根据 $\sum v_i=0$ 的原则来确定公式的。但是，符合 $\sum v_i=0$ 时，并不能保证公式的精确性。常常采用更好的方法，即最小二乘法。此法的原理是当所求曲线的待定系数为最佳时，曲线最靠近实验点。此时，各个因变量的偏差平方和为最小值。

$$\sum_{i=1}^{n} v_i^2=\text{最小值}$$

以偏差平方和公式对 m 个待定系数分别求偏微分，并令其为零，得 m 元一次方程组，解方程组得出 m 个待定系数值。

如求直线式 $y=ax+b$ 中 a、b 两系数。

设实验数据点 (x_i, y_i) $(i=1,2,3,\cdots,n)$，则有：

$$y_i'=ax_i+b$$

$$\text{偏差平方和：}Q=\sum_{i=1}^{n} v_i^2=\sum_{i=1}^{n}(y_i-ax_i-b)^2$$

上式分别对 a 和 b 求偏导数，令其等于零，则

$$\frac{\partial Q}{\partial a}=-2\sum_{i=1}^{n}(x_i y_i-ax_i^2-bx_i)=0$$

$$\frac{\partial Q}{\partial b}=-2\sum_{i=1}^{n}(y_i-ax_i-b)=0$$

简化后得：

$$a\sum x_i^2+b\sum x_i=\sum x_i y_i$$

$$a\sum x_i+nb=\sum y_i$$

解上述方程组得：

$$a=\frac{\sum x_i \sum y_i-n\sum x_i y_i}{(\sum x_i)^2-n\sum x_i^2}$$

$$b=\frac{\sum y_i-a\sum x_i}{n}$$

例： 传热实验求对流传热系数关联式 $Nu=aRe^b$ 中的系数 a、b。已知实验数据计算结果如表 1-5 所示。

表 1-5　实验数据计算结果

序号	$Re\times10^{-4}$	Nu	序号	$Re\times10^{-4}$	Nu
1	4.157	87.3	4	2.480	57.7
2	3.516	76.3	5	1.947	47.4
3	2.930	66.2	6	1.444	36.8

解　线性化后的直线方程为：$\lg Nu=\lg a+b\lg Re$

写成　$Y=AX+B$ $(B=\lg a$，$A=b)$，则数据整理为：

序号	$X(\lg Re)$	$Y(\lg Nu)$	X^2	XY
1	4.6188	1.9410	21.3331	8.9651
2	4.5460	1.8825	20.6666	8.5580
3	4.4669	1.8209	19.9529	8.1335
4	4.3944	1.7612	19.3112	7.7394
5	4.2894	1.6758	18.3987	7.1880
6	4.1595	1.5658	17.3020	6.5132
$n=6$	$\Sigma X=26.4751$	$\Sigma Y=10.6472$	$\Sigma X^2=116.9645$	$\Sigma XY=47.0974$

将上表数值代入计算式中得：

$$A=0.8115 \quad A=b$$

所以

$$b=0.8115$$

$$B=-1.80624 \quad B=\lg a$$

所以

$$a=\lg^{-1}B=0.01562$$

$$Nu=aRe^{b}=0.01562Re^{0.8115}$$

五、利用 Excel 和 Origin 处理数据

1. 利用 Excel 处理实验数据

Microsoft Excel 是微软公司为 Windows 操作系统开发的一款电子表格软件，具有界面直观、计算功能全面以及图表工具多样等优点，使得该软件成为个人计算机数据处理的主流软件。利用 Excel 软件对化工原理实验数据进行处理，能很好地帮助学生理解实验原理、提高数据处理能力和效率。

下面以流体力学综合实验中的直管阻力与离心泵特性曲线为例，详细介绍 Excel 处理实验数据的方法。

首先在表格中创建数据记录表，如图 1-3 所示。

	A	B	C	D	E	F
1	管路材料：不锈钢					
2	直管规格：内径35.75mm，长1.0m					
3						
4	序号	管路流量（m3/h）	直管压差（mmH20）	泵出口压力（kPa）	泵入口压力（mmHg）	电机功率（k
5	1					
6	2					
7	3					
8	4					
9	5					
10	6					
11	7					
12	8					
13	9					
14	10					
15	11					
16	12					
17	13					
18	14					
19	15					
20	16					

直管阻力与泵特性曲线 / 局部阻力系数 / Sheet3

图 1-3　数据记录表

将实验数据填写至表格中，如图 1-4 所示。

	A	B	C	D	E	F
1	管路材料：不锈钢					
2	直管规格：内径35.75mm，长1.0m					
3						
4	序号	管路流量（m3/h）	直管压差（mmH2O）	泵出口压力（kPa）	泵入口压力（mmHg）	电机功率（k
5	1	10.79	215	96.2	-98	0.7
6	2	10.75	211	96.6	-97	0.7
7	3	10.63	185	97.6	-95	0.6
8	4	10.4	178	99.6	-90	0.6
9	5	10.22	172	101.3	-88	0.6
10	6	9.8	158	105.3	-79	0.6
11	7	6.95	78	124.9	-41	0.5
12	8	4.36	39	137.8	-18	0.4
13	9	6.2	65	129.6	-32	0.5
14	10	8.82	126	112.6	-63	0.6
15	11	9.92	160	103.8	-81	0.6
16	12	10.43	180	99.2	-90	0.6
17	13	10.59	184	98	-92	0.6
18	14	10.67	186	97	-94	0.7
19	15	10.75	207	96.4	-95	0.7
20	16	10.76	209	96.2	-98	0.7

直管阻力与泵特性曲线 / 局部阻力系数 / Sheet3

图 1-4 原始实验数据

直管摩擦阻力系数可通过下式计算：

$$\lambda=\frac{-\Delta p\times 2d}{\rho l u^2}$$

在 Excel 中，需要将上式通过编辑公式实现相关计算。式中 u 可通过流量与管内径计算得到，在单元格 G5 中输入“=B5/3600/(3.14*POWER(0.03575/2,2))”即可计算。

POWER 函数为 Excel 中常用的一种函数，其计算方法为：

$$\text{POWER(number,POWER)}=\text{number}^{\text{POWER}}$$

选中单元格 H5，输入“=−C5*9.8*2*0.03575/998/1/（G5*G5）”，计算得到直管摩擦阻力系数（图 1-5）。

H5 =C5*9.8*2*0.03575/998/1/(G5*G5)

	A	B	C	D	E	F	G	H
1	管路材料：不锈钢							
2	直管规格：内径35.75mm，长1.0m							
3								
4	序号	管路流量（m3/h）	直管压差（mmH2O）	泵出口压力（kPa）	泵入口压力（mmHg）	电机功率（kW）	流速（m/s）	直管摩擦阻力
5	1	10.79	215	96.2	-98	0.711	2.98742626	0.0169
6	2	10.75	211	96.6	-97	0.705	2.97635147	0.0167
7	3	10.63	185	97.6	-95	0.698	2.94312708	0.0149
8	4	10.4	178	99.6	-90	0.691	2.879447	0.0150
9	5	10.22	172	101.3	-88	0.688	2.82961042	0.0150
10	6	9.8	158	105.3	-79	0.665	2.71332506	0.0150
11	7	6.95	78	124.9	-41	0.581	1.92424583	0.0147
12	8	4.36	39	137.8	-18	0.447	1.20715278	0.0187
13	9	6.2	65	129.6	-32	0.538	1.71659341	0.0154
14	10	8.82	126	112.6	-63	0.642	2.44199255	0.014
15	11	9.92	160	103.8	-81	0.678	2.74654945	0.0148
16	12	10.43	180	99.2	-90	0.695	2.8877531	0.0151
17	13	10.59	184	98	-92	0.698	2.93205228	0.0150
18	14	10.67	186	97	-94	0.706	2.95420188	0.0149
19	15	10.75	207	96.4	-95	0.712	2.97635147	0.016
20	16	10.76	209	96.2	-98	0.719	2.97912017	0.0165

直管阻力与泵特性曲线 / 局部阻力系数 / Sheet3

图 1-5 直管摩擦阻力系数计算

雷诺数 Re 可通过下式计算：

$$Re=\frac{du\rho}{\mu}$$

选中单元格 I5，输入“=998*G5*0.03575/1.0828/0.001”，计算得到雷诺数 Re（图 1-6）。

I5　=998*G5*0.03575/1.0828/0.001

管路材料：不锈钢

直管规格：内径35.75mm，长1.0m

序号	管路流量（m3/h）	直管压差（mmH2O）	泵出口压力（kPa）	泵入口压力（mmHg）	电机功率（kW）	流速（m/s）	直管摩擦阻力系数	雷
1	10.79	215	96.2	-98	0.711	2.98742626	0.016913974	98
2	10.75	211	96.6	-97	0.705	2.97635147	0.016723054	98
3	10.63	185	97.6	-95	0.698	2.94312708	0.014995304	96
4	10.4	178	99.6	-90	0.691	2.879447	0.015073128	94
5	10.22	172	101.3	-88	0.688	2.82961042	0.015082618	93
6	9.8	158	105.3	-79	0.665	2.71332506	0.015067979	89
7	6.95	78	124.9	-41	0.581	1.92424583	0.014790235	63
8	4.36	39	137.8	-18	0.447	1.20715278	0.018790646	39
9	6.2	65	129.6	-32	0.538	1.71659341	0.015487455	56
10	8.82	126	112.6	-63	0.642	2.44199255	0.01483486	8
11	9.92	160	103.8	-81	0.678	2.74654945	0.014891784	90
12	10.43	180	99.2	-90	0.695	2.8877531	0.015154931	9
13	10.59	184	98	-92	0.698	2.93205228	0.015027128	96
14	10.67	186	97	-94	0.706	2.95420188	0.014963534	97
15	10.75	207	96.4	-95	0.712	2.97635147	0.01640603	98
16	10.76	209	96.2	-98	0.719	2.97912017	0.016533767	98

直管阻力与泵特性曲线　局部阻力系数　Sheet3

图 1-6　雷诺数计算

泵的扬程 H_e 计算公式为：

$$H=H_{泵出口}-H_{泵入口}+h_0+\frac{u_2^2-u_1^2}{2g}$$

式中，h_0 以及速度差两项可忽略。选中单元格 J5，输入“=(D5*1000-E5/760*101325)/998/9.81”，即可计算得到扬程 H_e（图 1-7）。

J5　=(D5*1000-E5/760*101325)/998/9.81

管路材料：不锈钢

直管规格：内径35.75mm，长1.0m

序号	管路流量（m3/h）	直管压差（mmH2O）	泵出口压力（kPa）	泵入口压力（mmHg）	电机功率（kW）	流速（m/s）	直管摩擦阻力系数	雷诺数Re	扬
1	10.79	215	96.2	-98	0.711	2.98742626	0.016913974	98436.36	11
2	10.75	211	96.6	-97	0.705	2.97635147	0.016723054	98071.44	11
3	10.63	185	97.6	-95	0.698	2.94312708	0.014995304	96976.69	11
4	10.4	178	99.6	-90	0.691	2.879447	0.015073128	94878.42	11
5	10.22	172	101.3	-88	0.688	2.82961042	0.015082618	93236.29	11
6	9.8	158	105.3	-79	0.665	2.71332506	0.015067979	89404.66	11
7	6.95	78	124.9	-41	0.581	1.92424583	0.014790235	63404.33	13
8	4.36	39	137.8	-18	0.447	1.20715278	0.018790646	39775.95	14
9	6.2	65	129.6	-32	0.538	1.71659341	0.015487455	56562.13	13
10	8.82	126	112.6	-63	0.642	2.44199255	0.01483486	80464.2	
11	9.92	160	103.8	-81	0.678	2.74654945	0.014891784	90499.41	11
12	10.43	180	99.2	-90	0.695	2.8877531	0.015154931	95152.1	11
13	10.59	184	98	-92	0.698	2.93205228	0.015027128	96611.77	11
14	10.67	186	97	-94	0.706	2.95420188	0.014963534	97341.61	11
15	10.75	207	96.4	-95	0.712	2.97635147	0.01640603	98071.44	11
16	10.76	209	96.2	-98	0.719	2.97912017	0.016533767	98162.67	11

直管阻力与泵特性曲线　局部阻力系数　Sheet3

图 1-7　泵的扬程计算

泵的有效功率 N_e 计算公式为：

$$N_e=\frac{QH_e\rho g}{3600\times 1000}$$

选中单元格 K5，输入“=B5*J5*998*9.81/3600/1000”，计算得到有效功率 N_e（图 1-8）。

K5 =B5*J5*998*9.81/3600/1000

	A	B	C	D	E	F	G	H	I	J	
1	管路材料：不锈钢										
2	直管规格：内径35.75mm，长1.0m										
3											
4	序号	管路流量（m3/h）	直管压差（mmH20）	泵出口压力（kPa）	泵入口压力（mmHg）	电机功率（kW）	流速（m/s）	直管摩擦阻力系数	雷诺数Re	扬程He	有效
5	1	10.79	215	96.2	-98	0.711	2.98742626	0.016913974	98436.36	11.16051	0.32
6	2	10.75	211	96.6	-97	0.705	2.97635147	0.016723054	98071.44	11.18774	0.32
7	3	10.63	185	97.6	-95	0.698	2.94312708	0.014995304	96976.69	11.26265	0.32
8	4	10.4	178	99.6	-90	0.691	2.879447	0.015073128	94878.42	11.39884	0.32
9	5	10.22	172	101.3	-88	0.688	2.82961042	0.015082618	93236.29	11.54525	0.32
10	6	9.8	158	105.3	-79	0.665	2.71332506	0.015067979	89404.66	11.83125	0.31
11	7	6.95	78	124.9	-41	0.581	1.92424583	0.014790235	63404.33	13.31575	0.25
12	8	4.36	39	137.8	-18	0.447	1.20715278	0.018790646	39775.95	14.32016	0.16
13	9	6.2	65	129.6	-32	0.538	1.71659341	0.015487455	56562.13	13.67325	0.23
14	10	8.82	126	112.6	-63	0.642	2.44199255	0.01483486	80464.2	12.359	0.29
15	11	9.92	160	103.8	-81	0.678	2.74654945	0.014891784	90499.41	11.70528	0.31
16	12	10.43	180	99.2	-90	0.695	2.8877531	0.015154931	95152.1	11.35799	0.32
17	13	10.59	184	98	-92	0.698	2.93205228	0.015027128	96611.77	11.26265	0.32
18	14	10.67	186	97	-94	0.706	2.95420188	0.014963534	97341.61	11.18775	0.32
19	15	10.75	207	96.4	-95	0.712	2.97635147	0.01640603	98071.44	11.14008	0.32
20	16	10.76	209	96.2	-98	0.719	2.97912017	0.016533767	98162.67	11.16051	0.32

直管阻力与泵特性曲线 / 局部阻力系数 / Sheet3

图 1-8 泵的有效功率计算

泵的效率 η 由下式计算得到：

$$\eta=\frac{N_e}{N}$$

选中单元格 L5，输入“=K5/F5”，计算得到泵的效率 η（图 1-9）。

L5 =K5/F5

	A	B	C	D	E	F	G	H	I	J	K	
1	管路材料：不锈钢											
2	直管规格：内径35.75mm，长1.0m											
3												
4	序号	管路流量（m3/h）	直管压差（mmH20）	泵出口压力（kPa）	泵入口压力（mmHg）	电机功率（kW）	流速（m/s）	直管摩擦阻力系数	雷诺数Re	扬程He	有效功率Ne	效率
5	1	10.79	215	96.2	-98	0.711	2.98742626	0.016913974	98436.36	11.16051	0.32749326	0.4
6	2	10.75	211	96.6	-97	0.705	2.97635147	0.016723054	98071.44	11.18774	0.32707553	0.4
7	3	10.63	185	97.6	-95	0.698	2.94312708	0.014995304	96976.69	11.26265	0.32558989	0.4
8	4	10.4	178	99.6	-90	0.691	2.879447	0.015073128	94878.42	11.39884	0.32239715	0.4
9	5	10.22	172	101.3	-88	0.688	2.82961042	0.015082618	93236.29	11.54525	0.32088633	0.4
10	6	9.8	158	105.3	-79	0.665	2.71332506	0.015067979	89404.66	11.83125	0.31532172	0.4
11	7	6.95	78	124.9	-41	0.581	1.92424583	0.014790235	63404.33	13.31575	0.25167922	0.4
12	8	4.36	39	137.8	-18	0.447	1.20715278	0.018790646	39775.95	14.32016	0.16979754	0.
13	9	6.2	65	129.6	-32	0.538	1.71659341	0.015487455	56562.13	13.67325	0.23054754	0.4
14	10	8.82	126	112.6	-63	0.642	2.44199255	0.01483486	80464.2	12.359	0.29644831	0.4
15	11	9.92	160	103.8	-81	0.678	2.74654945	0.014891784	90499.41	11.70528	0.31578422	0.4
16	12	10.43	180	99.2	-90	0.695	2.8877531	0.015154931	95152.1	11.35799	0.32216825	0.4
17	13	10.59	184	98	-92	0.698	2.93205228	0.015027128	96611.77	11.26265	0.32436481	0.4
18	14	10.67	186	97	-94	0.706	2.95420188	0.014963534	97341.61	11.18775	0.32464157	0.4
19	15	10.75	207	96.4	-95	0.712	2.97635147	0.01640603	98071.44	11.14008	0.32568207	0.4
20	16	10.76	209	96.2	-98	0.719	2.97912017	0.016533767	98162.67	11.16051	0.32658271	0.4

直管阻力与泵特性曲线 / 局部阻力系数 / Sheet3

图 1-9 泵的效率计算

在对所需数据进行计算后，根据实验报告要求，需要绘制离心泵特性曲线、λ-Re 关系曲线等。下面以离心泵特性曲线为例，介绍 Excel 绘制图形的方法。

① 分别选中管路流量数据“B5:B20”、扬程数据“J5:J20”、有效功率数据“K5:K20”、效率数据“L5:L20”；

② 点击菜单“插入”选项，选择“散点图”，得到初始散点图像（图 1-10）；

③ 分别选中系列 2 与系列 3 数据点，右击选择“设置系列格式”，选中“系统选项”中“次坐标轴”，使得系列 2 和系列 3 数据点位于图像中部（图 1-11）；

④ 调整坐标刻度：选中坐标轴刻度，右击选择“设置坐标轴格式”，在坐标轴选项中调整坐标刻度范围（图 1-12）；

⑤ 更改图例名称：右击图例，选择“选择数据”，在“选择数据源”窗口，选中系列 1，然后单击编辑（图 1-13）；

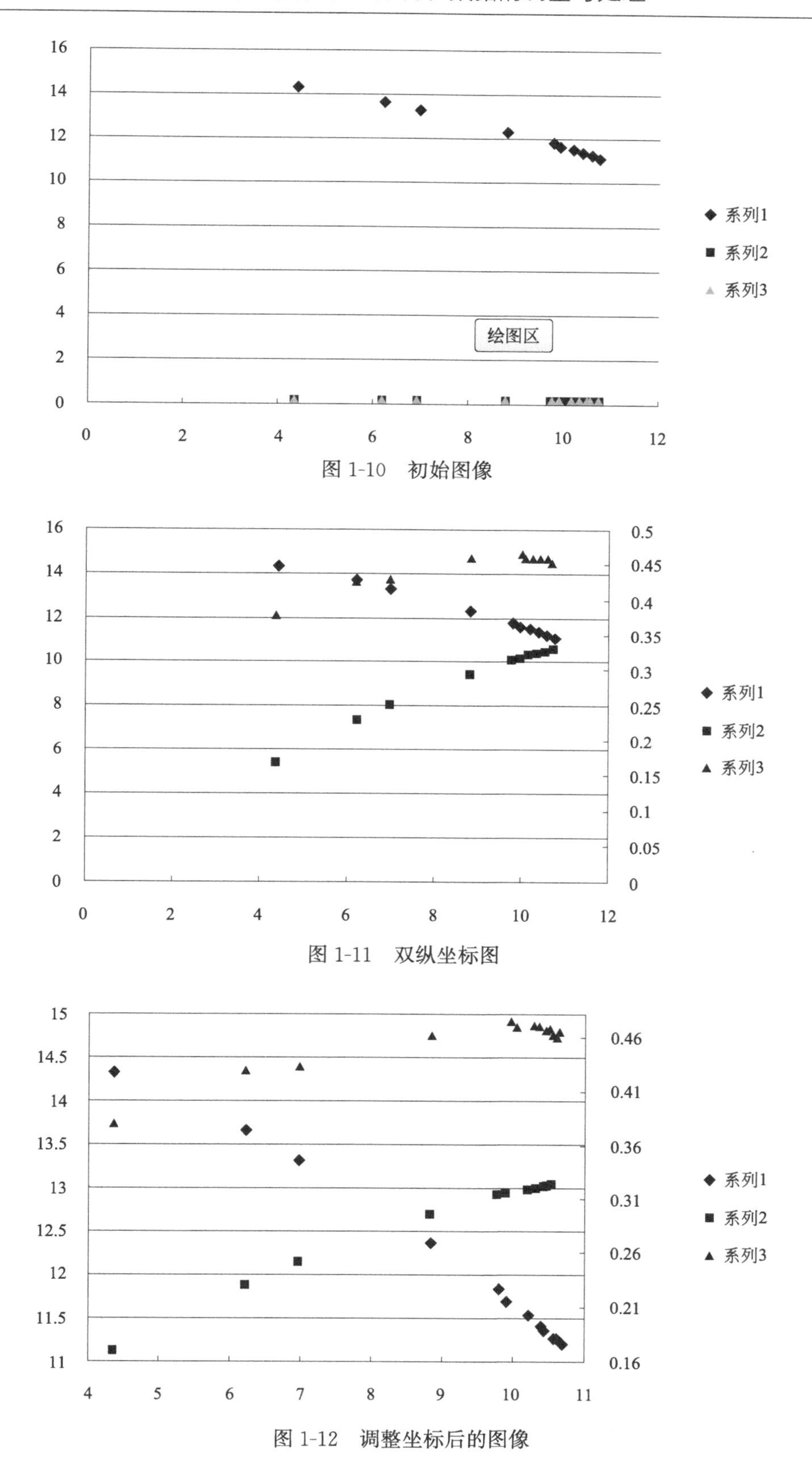

图 1-10　初始图像

图 1-11　双纵坐标图

图 1-12　调整坐标后的图像

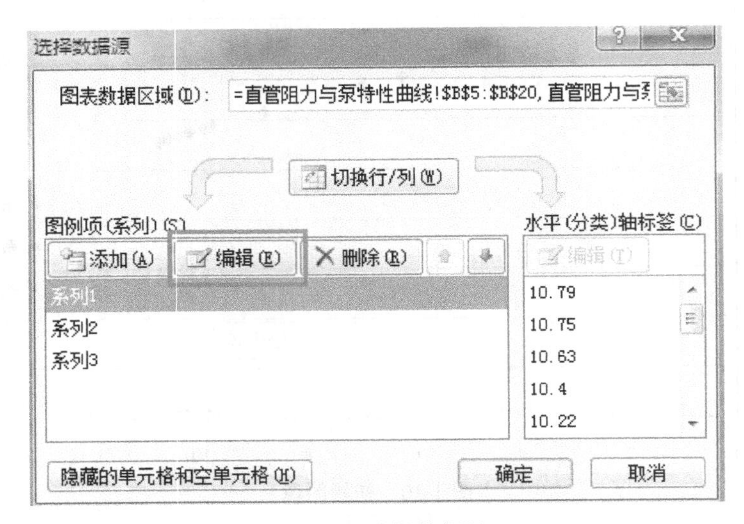

图 1-13 选择数据源

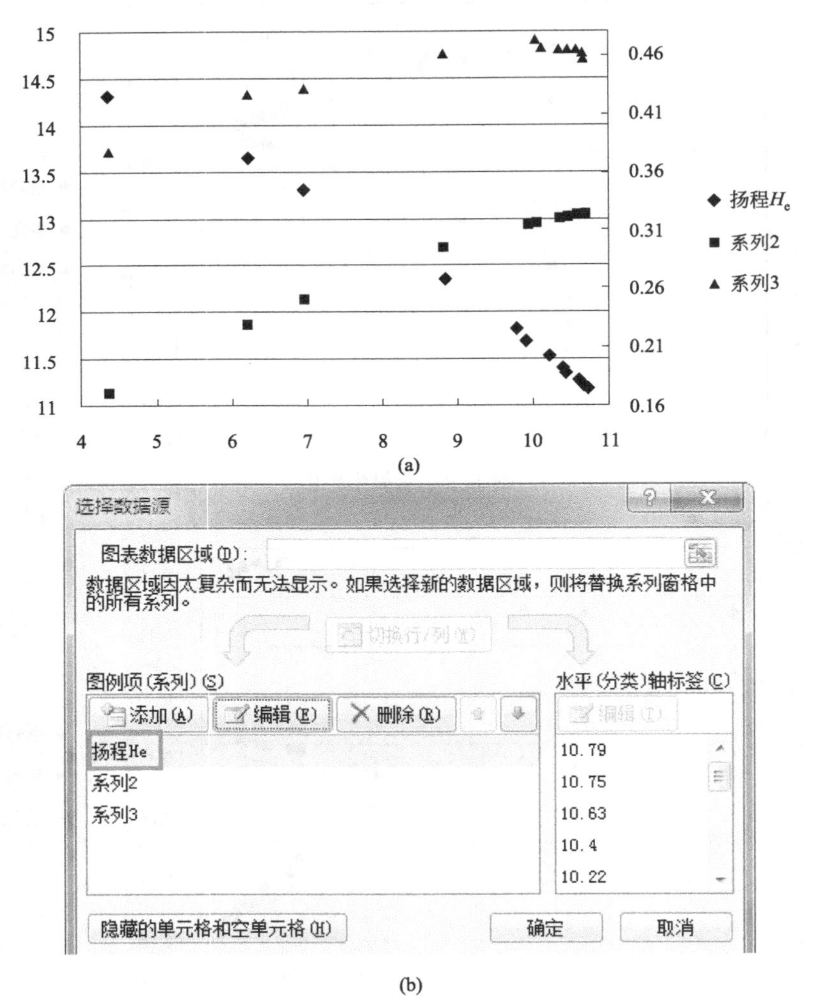

图 1-14 系列名称已变化

出现“编辑数据系列”窗口，在“系列名称”处单击，选择表格中含有该系列数据名称的单元格，回车，确定，此时该系列名称已发生变化（图 1-14），其余系列名称按相同方法更改；

⑥ 添加坐标名称：单击“图表工具”下“布局”，找到“坐标轴标题”下拉条，选择想要添加名称的坐标轴（图 1-15）；

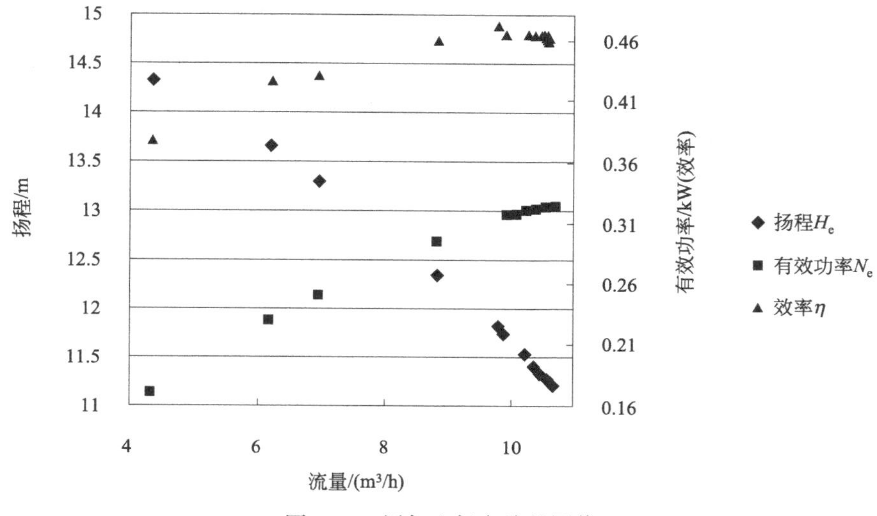

图 1-15　添加坐标名称的图像

⑦ 添加趋势线：选中一组数据点，右击“添加趋势线”，选择“趋势预测/回归分析类型”，完成趋势线的绘制（图 1-16）。

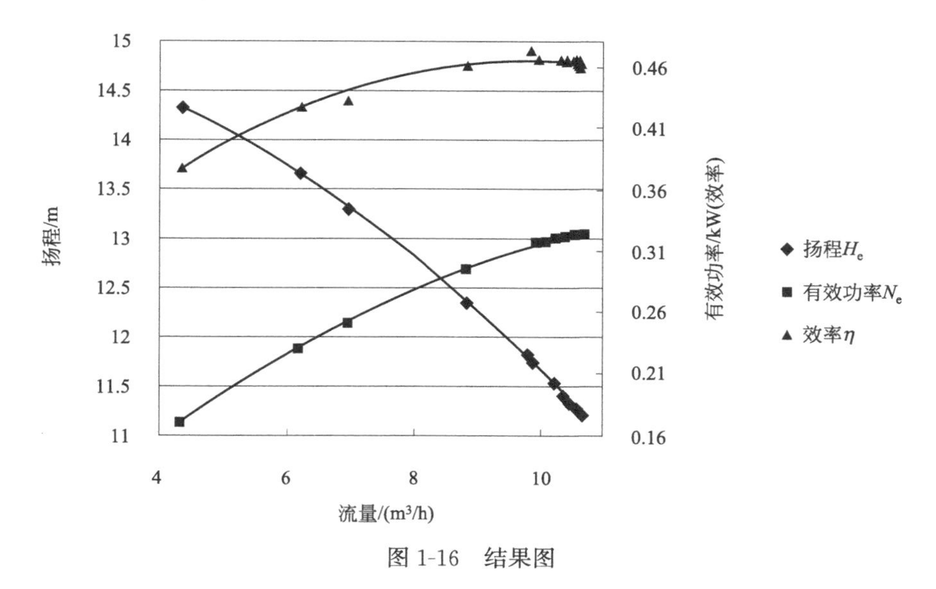

图 1-16　结果图

通过以上操作，实现了离心泵特性曲线的数据计算与曲线绘制。类似方法还可应用于各种关系曲线的绘制中。

2. 利用 Origin 处理实验数据

Origin 软件是目前较为流行的专业函数绘图软件，既能满足制图需要，也可以用于数据分析、函数计算等。下面以流体力学综合实验中双对数 λ-*Re* 关系曲线的绘制为例，详细介绍 Origin 的使用方法。

首先创建数据表，并将相关数据填写在表格中。单击 图标，添加空列。将数据名称及单位填写在相应位置处（图 1-17）。

	A(X)	B(Y)	C(Y)	D(Y)	E(Y)
Long Name	流量	直管压差	流速	直管摩擦阻力系数	雷诺数
Units	m3/h	mmH2O	m/s		
Comments					
1	10.79	215			
2	10.75	211			
3	10.63	185			
4	10.4	178			
5	10.22	172			
6	9.8	158			
7	6.95	78			
8	4.36	39			
9	6.2	65			
10	8.82	126			
11	9.92	160			
12	10.43	180			
13	10.59	184			
14	10.67	186			
15	10.75	207			
16	10.76	209			

图 1-17　原始数据

选中 C(Y)列，单击“Column”，选择“Set Column Values”，出现如下窗口。在“Row(i) ”后将“From auto To auto”改为含有数据的行数 1 至 16（图 1-18）。

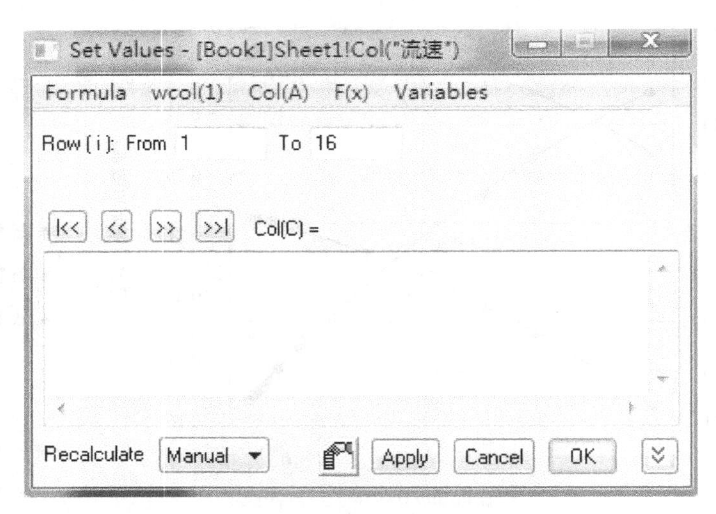

图 1-18　设置列值窗口

在“Col(C)＝”下方空格内输入公式“Col（A）/3600/（3.14*0.03575*0.03575/4）”，点击 OK（图 1-19），此时在 C（Y）列下方计算得到流速值（图 1-20）。

相同的方法计算直管摩擦阻力系数，在“Col(D)＝”下方空格内输入公式“Col(B)*9.8*2*0.03575/998/1/(Col(C)*Col(C))”，点击 OK（图 1-21），此时在 D（Y）列下方计算

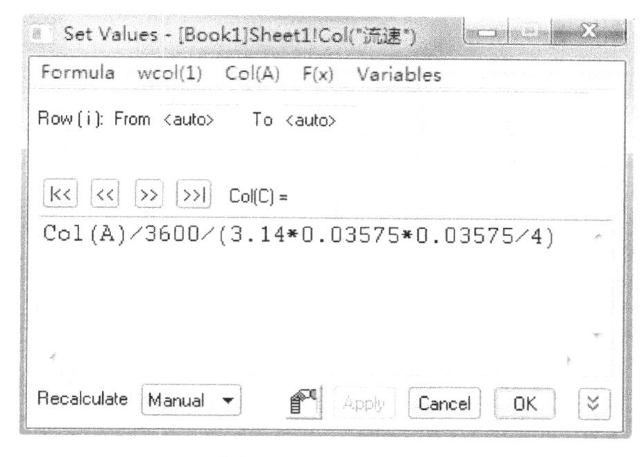

图 1-19　输入公式

	A(X)	B(Y)	C(Y)	D(Y)	E(Y)
Long Name	流量	直管压差	流速	直管摩擦阻力系数	雷诺数
Units	m3/h	mmH2O	m/s		
Comments					
1	10.79	215	2.98743		
2	10.75	211	2.97635		
3	10.63	185	2.94313		
4	10.4	178	2.87945		
5	10.22	172	2.82961		
6	9.8	158	2.71333		
7	6.95	78	1.92425		
8	4.36	39	1.20715		
9	6.2	65	1.71659		
10	8.82	126	2.44199		
11	9.92	160	2.74655		
12	10.43	180	2.88775		
13	10.59	184	2.93205		
14	10.67	186	2.9542		
15	10.75	207	2.97635		
16	10.76	209	2.97912		

图 1-20　流速结果表格

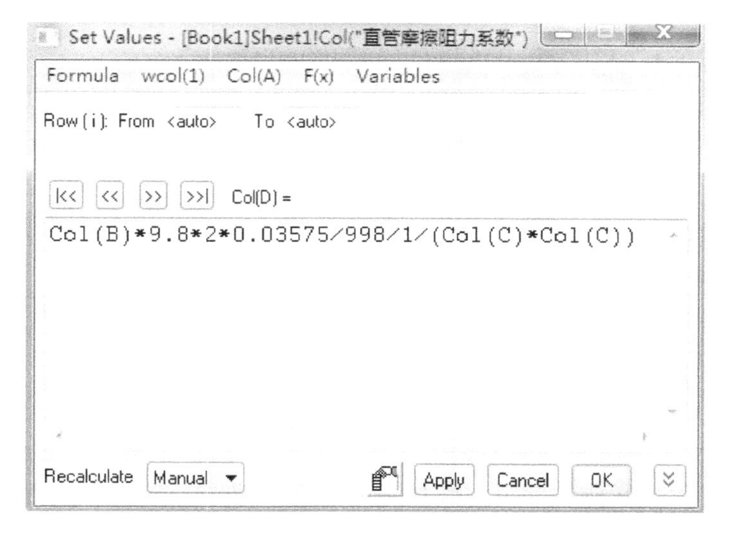

图 1-21　输入公式

得到直管阻力系数值（图 1-22）。

	A(X)	B(Y)	C(Y)	D(Y)	E(Y)
Long Name	流量	直管压差	流速	直管摩擦阻力系数	雷诺数
Units	m3/h	mmH2O	m/s		
Comments					
1	10.79	215	2.98743	0.01691	
2	10.75	211	2.97635	0.01672	
3	10.63	185	2.94313	0.015	
4	10.4	178	2.87945	0.01507	
5	10.22	172	2.82961	0.01508	
6	9.8	158	2.71333	0.01507	
7	6.95	78	1.92425	0.01479	
8	4.36	39	1.20715	0.01879	
9	6.2	65	1.71659	0.01549	
10	8.82	126	2.44199	0.01483	
11	9.92	160	2.74655	0.01489	
12	10.43	180	2.88775	0.01515	
13	10.59	184	2.93205	0.01503	
14	10.67	186	2.9542	0.01496	
15	10.75	207	2.97635	0.01641	
16	10.76	209	2.97912	0.01653	

图 1-22　直管阻力系数表格

相同的方法计算雷诺数，在“Col(E)＝”下方空格内输入公式“Col(B)*9.8*2*0.03575/998/1/(Col(C)*Col(C))”，点击 OK（图 1-23），此时在 D(Y) 列下方计算得到雷诺数（图 1-24）。

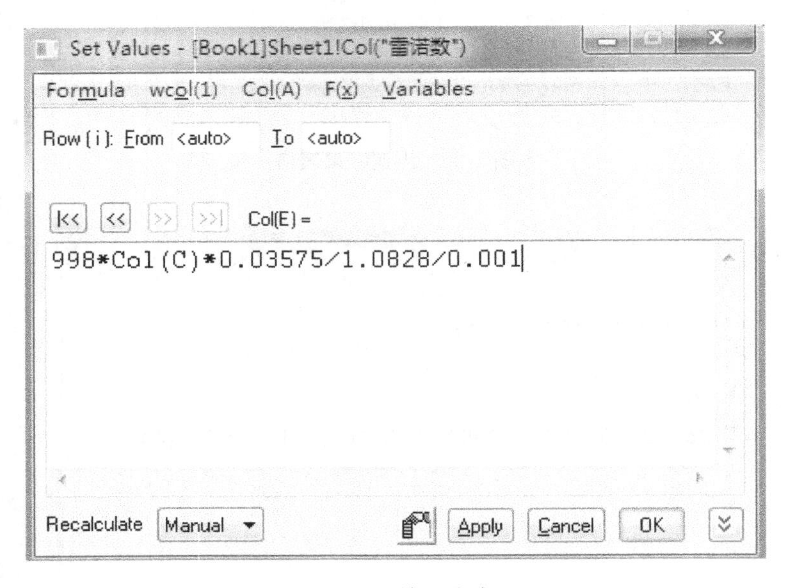

图 1-23　输入公式

通过如上操作，已经得到了直管阻力系数 λ 和雷诺数 Re 的值，下面求取这两个参数的对数，然后绘制对数关联曲线即可。添加新的两列 F 和 G，采用上述方法通过公式“log(Col(D))”及“log(Col(E))”分别将 λ 与 Re 的对数赋值。在关联曲线中，选择将 λ 对数作为横坐标，Re 对数作为纵坐标。因此需先选中 F(Y) 列，右击后选择“Set As”，将该列

	A(X)	B(Y)	C(Y)	D(Y)	E(Y)
Long Name	流量	直管压差	流速	直管摩擦阻力系数	雷诺数
Units	m3/h	mmH2O	m/s		
Comments					
1	10.79	215	2.98743	0.01691	98436.35758
2	10.75	211	2.97635	0.01672	98071.44059
3	10.63	185	2.94313	0.015	96976.68963
4	10.4	178	2.87945	0.01507	94878.41695
5	10.22	172	2.82961	0.01508	93236.2905
6	9.8	158	2.71333	0.01507	89404.66212
7	6.95	78	1.92425	0.01479	63404.32671
8	4.36	39	1.20715	0.01879	39775.95172
9	6.2	65	1.71659	0.01549	56562.13318
10	8.82	126	2.44199	0.01483	80464.19591
11	9.92	160	2.74655	0.01489	90499.41309
12	10.43	180	2.88775	0.01515	95152.10469
13	10.59	184	2.93205	0.01503	96611.77264
14	10.67	186	2.9542	0.01496	97341.60662
15	10.75	207	2.97635	0.01641	98071.44059
16	10.76	209	2.97912	0.01653	98162.66984

图 1-24　雷诺数表格

纵坐标属性改为横坐标（图 1-25）。此时 F 列变为“F(X2）”，排在其后的雷诺数 G 列变为“G(Y2）”。

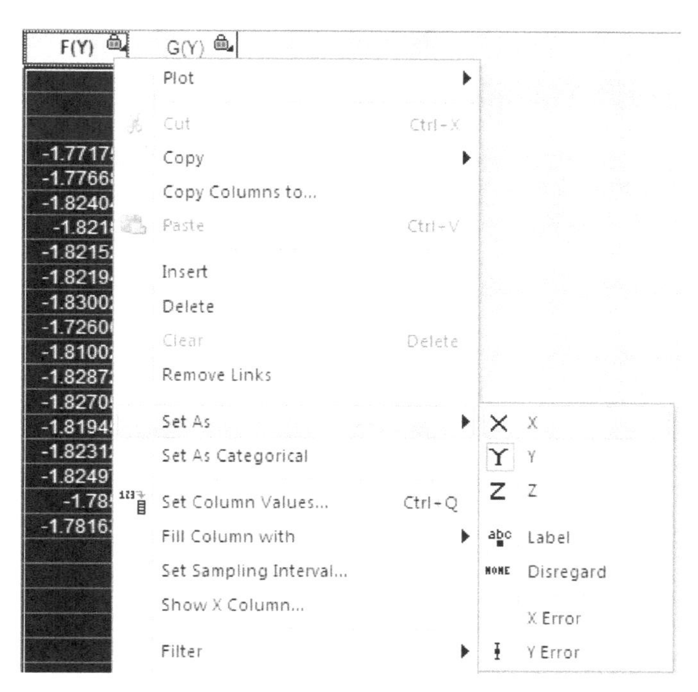

图 1-25　更改列坐标属性

同时选中 F 列与 G 列，点击菜单栏的“Plot”，选择“Line＋Symbol”下的“Line＋Symbol”，得到原始图像（图 1-26）。

双击横坐标轴，出现“X Axis-Layer1”窗口，根据曲线位置可在“Scale”下的 From 与 To 后调整横坐标范围，点击“OK”退出窗口。

若要调整曲线粗细以及线宽，双击曲线，出现如下窗口。“Line”选项卡中，在

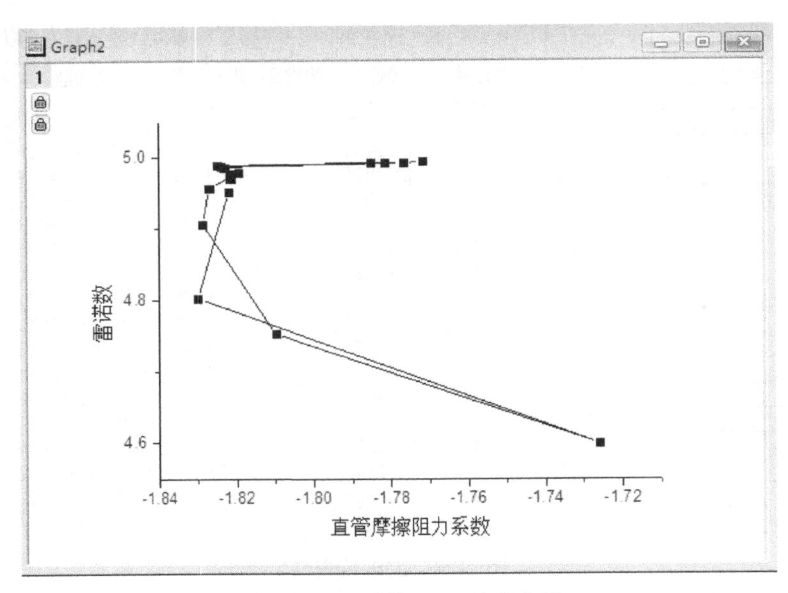

图 1-26　双对数 λ-*Re* 关联曲线

“Style”后可选择实线、虚线等线型；在“Width”后可调整线宽；在“Color”后可选择曲线的颜色，见图 1-27。

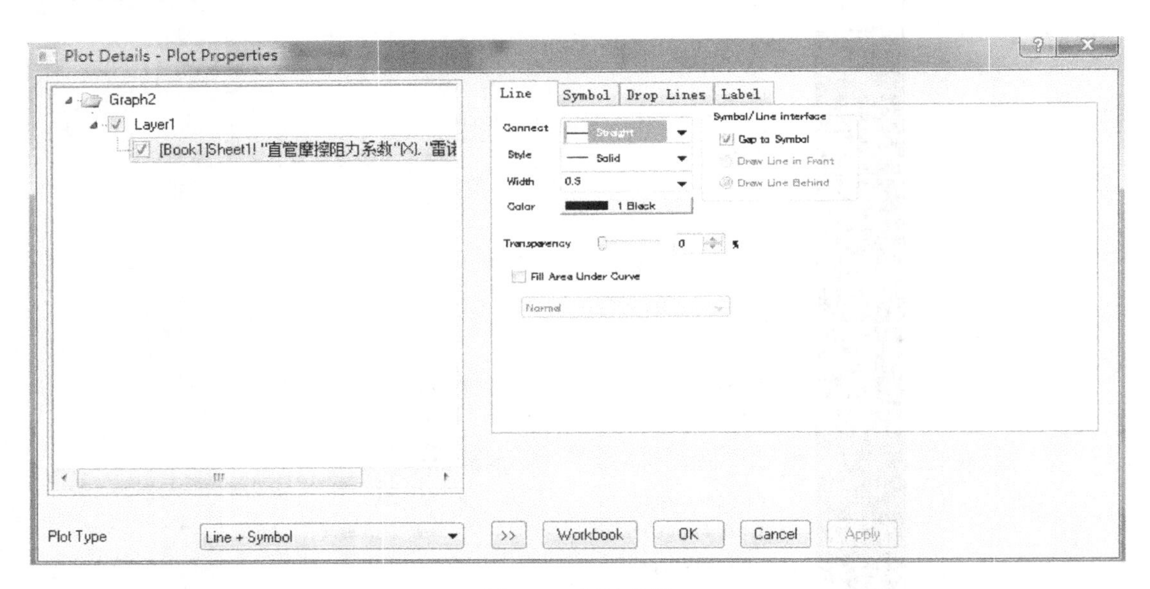

图 1-27　调整曲线

“Symbol”选项卡中，单击▼可选择标记的形式；在“Size”后可调整标记尺寸；在“Symbol Color”后可选择标记颜色，见图 1-28。

由此完成了双对数 λ-*Re* 关系曲线的绘制。

借助 Excel 与 Origin 软件对化工原理实验数据进行处理，能够使数据显示更加简洁美观，方便进行深入分析。对于更加复杂的数据处理过程，运用计算机处理软件能够提高效率，这也是学生必须具备的能力。

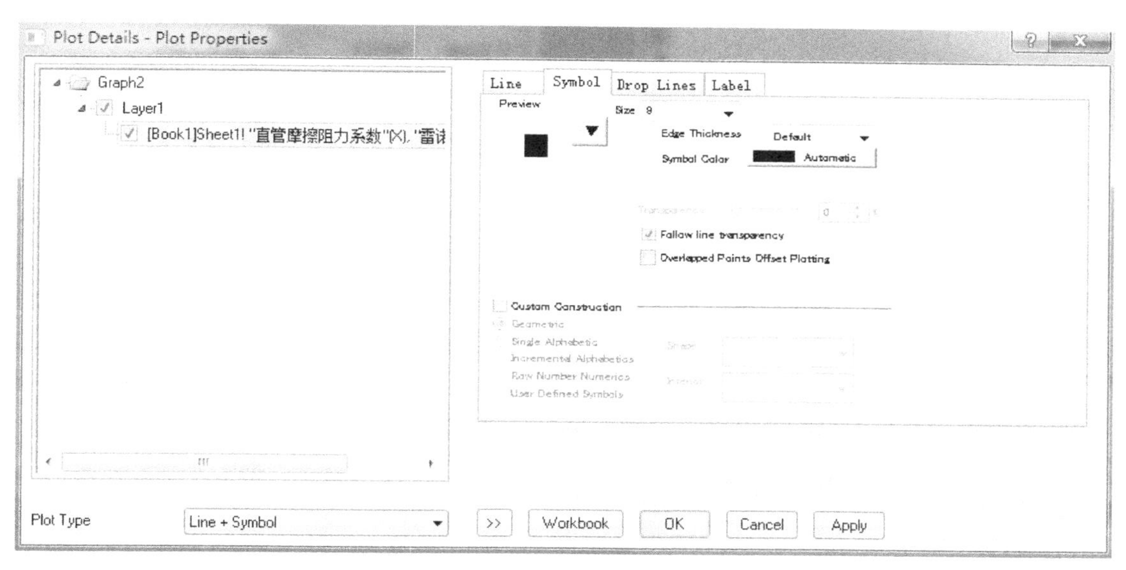
Plot Details - Plot Properties
Graph2
Layer1
[Book1]Sheet1! "直管摩擦阻力系数"(X), "雷诺
Line
Symbol
Drop Lines
Label
Preview
Size 9
Edge Thickness
Default
Symbol Color
Automatic
Follow line transparency
Overlapped Points Offset Plotting
Custom Construction
Plot Type
Line + Symbol
>>
Workbook
OK
Cancel
Apply

图 1-28　调整标记

第二章　化工常见物理量的测量方法

在化工生产和实验科学研究中，经常测量的物理量有温度、压力、流量等。一般来说，得到这些物理量的测量值是很容易的，但要保证测量值达到所要求的精度，则需要掌握并运用好一系列测量技术。这些测量技术主要包括：①如何根据测量任务和目的选用合适的测量仪表；②如何检验、标定测量仪表的性能；③如何安装和连接测量系统的各个组成部分；④如何正确操作和使用测量系统。运用好这些测量技术，测量就可以达到所要求的精度，选择仪表时就不会盲目追求高精度仪表，避免没有必要的浪费。

一、测量仪表的基本技术性能

1. 概述

在工程上仪表性能指标通常用精确度（又称精度）、变差、灵敏度来描述。校验仪表通常也是调校精确度、变差和灵敏度三项。精确度是仪表测量值接近真值的准确程度。变差是指仪表被测变量多次从不同方向达到同一数值时，仪表指示值之间的最大差值。灵敏度是指仪表对被测参数变化的灵敏程度。

在化工生产和实验科学研究中，仪表精度固然是一个重要指标，但仪表的稳定性和可靠性更加重要，因为化工企业检测与过程控制中，仪表大量的是用于检测，而用于计量的为数不多。尤其在过程控制系统中所使用的检测仪表，其稳定性、可靠性显然比精度更为重要。

2. 测量仪表的特性指标

测量仪表的性能指标主要包括：精确度、灵敏度、灵敏限、分辨力、线性度、死区、回差、滞环、复现性、稳定性、反应时间等。

（1）精确度

仪表精确度简称精度。任何测量过程都存在一定的测量误差，因而在用测量仪表对实验参数进行测量时，不仅需要知道仪表的测量范围（即量程），而且还应知道测量仪表的精度，以便估计测量结果与真实值的差距，即估计测量值的误差大小。测量仪表的精度通常用相对误差（也称相对折合误差）表示。相对误差公式如下：

$$\delta=\frac{\Delta x}{\text{测量范围上限值}-\text{测量范围下限值}}\times 100\% \tag{2-1}$$

式中　δ——检测过程中相对误差；

Δx——测量值的绝对误差，是被测参数测量值和被测参数标准值之差。

所谓标准值是精确度比所用测量仪表高 3～5 倍的标准仪表测得的数值。

从式中可以看出，仪表精确度与绝对误差和仪表的测量范围有关。绝对误差大，相对误差就大，仪表精确度就低。两台测量范围不同的仪表，如果它们的绝对误差相同，那么测量范围大的仪表精确度较测量范围小的高。

精确度是衡量仪表质量优劣的一个重要指标，常用精确度等级来规范和表示。将仪表的允许相对误差去掉“±”号和“%”号，就可以用来表示仪表的精确度等级。目前，按国家统一规定划分的精确度等级有 0.005、0.02、0.05、0.1、0.2、0.4、0.5、1.0、1.5、2.5、

4.0 等。仪表精确度等级一般都标志在仪表面板上，数字越小，说明仪表精确度越高。0.05 级以上的仪表，常用来作为标准仪表。

（2）灵敏度和灵敏限

灵敏度是指指针式仪表对被测参数变化的灵敏程度，或者说是对被测的量变化的反应能力。在稳态下，灵敏度指仪表指针的线位移或角位移与引起这个位移的被测参数变化量之比值，用公式可以表示为：

$$S=\frac{\Delta\alpha}{\Delta x} \tag{2-2}$$

式中　S——仪表的灵敏度；

$\Delta\alpha$——仪表指针的线位移或角位移；

Δx——引起 $\Delta\alpha$ 所需的被测参数变化量。

仪表的灵敏限是指能引起仪表指针发生动作的被测参数的最小变化量。通常仪表灵敏限的数值应不大于仪表允许绝对误差的一半。

（3）分辨力

分辨力常用来表示数字式仪表灵敏度的大小。分辨力是指数字显示器的最末位数字间隔所代表的被测参数变化量。不同量程的仪表分辨力是不同的，相对应于最低量程的分辨力称为该表的最高分辨力，也叫做灵敏度。当数字式仪表的灵敏度用它与量程的相对值表示时，便是分辨率。分辨率与仪表的有效数字位数有关，如果仪表的有效数字位数为三位，其分辨率即为千分之一。

（4）线性度

线性度表征线性刻度仪表的输出量与输入量的实际校准曲线与所选用的拟合直线之间的吻合程度。线性度可用实际测得的输入输出特性曲线与所选用的拟合直线之间的最大偏差和测量仪表量程之比的百分数表示，即：

$$\delta_{\mathrm{f}}=\frac{\Delta f_{\max}}{\text{仪表量程}}\times 100\% \tag{2-3}$$

式中　δ_{f}——仪表的线性度；

$\Delta f_{\max}$——输入输出特性曲线对于所选用的拟合直线的最大偏差。

（5）死区、回差和滞环

① 死区　指不会引起仪表输出的输入值最大变化范围。

② 回差　指在仪表全部测量范围内被测量值上行和下行所得到的两条特性曲线之间的最大偏差。

③ 滞环　指在仪表全部测量范围内被测量值上行和下行所得到的两条特性曲线之间的最大偏差与死区之差。

（6）复现性（重复性）

复现性是指在不同测量条件（如不同的方法、不同的观测者）下，在不同的检测环境中对同一被检测的量进行检测时，其测量结果一致的程度。

复现性通常用不确定度来估计。不确定度是由于测量误差的存在而对被测量值不能肯定的程度，可采用方差或标准差（即方差的正平方根）表示。

（7）稳定性

稳定性是指在规定的工作条件保持恒定时，在规定时间内仪表性能保持不变的能力。一般用精密度数值和观测时间长短表示。仪表稳定性的好坏直接关系到仪表的使用范围，有时直接影响到化工生产。仪表稳定性不好造成的影响往往比仪表精度下降对化工生产的影响还要大。

（8）反应时间

当被测量突然变化时，仪表指示值总是要经过一段时间后才能准确地显示出来，即仪表具有一定的滞后性。反应时间就是用来衡量测量仪表反映出参数变化的品质指标。显然仪表的反应时间越短，说明仪表的动态特性越好。

3. 测量仪表的选用原则

在实际应用过程中，如何选择合适的测量仪表来组成测控系统十分重要。一般可采取以下方法来选择。

（1）确定仪表类型

首先根据实际情况，提出测量仪表应满足的要求，确定要选用测量仪表的类型。

（2）确定型号

确定仪表的型号需要考虑以下几个方面。

① 要求测量仪表的工作范围或量程足够大，且具有一定的抗过载能力。

② 与测量或控制系统的匹配性能要好，转换灵敏度要高，同时还要考虑测量仪表的线性度要好。

③ 测量仪表的静态和动态响应的准确度要满足要求且长期工作稳定性要强，即精度适当，稳定性高。

④ 要求测量仪表的适用性和适应性强。即动作能量小，对被测对象的状态影响小；内部噪声小而又不易受外界干扰的影响。

⑤ 价格低，且易使用、维修和校准。

在实际选用过程中，很少能找到同时满足上述要求的测量仪表，这就要求具体问题具体分析，抓住主要矛盾，选择适用的测量仪表。

二、温度的测量

温度是表征物体冷热程度的物理量。是各种工业生产和科学实验研究中最普遍最重要的操作参数之一。温度不能直接测量，只能借助于冷热不同的物体之间的热交换以及随冷热程度变化的某些物理特性进行间接测量。

温度的测量范围是从接近热力学零度的低温到几千度的高温，这么宽的温度范围，显然需要用到不同的测量方法和测量仪表。

（一）测温原理

测温原理主要有以下几种。

① 热膨胀　固体的热膨胀、液体的热膨胀、气体的热膨胀。

② 电阻变化　导体或半导体受热后电阻发生变化。

③ 热电效应　不同材质导线连接的闭合回路，两接点的温度如果不同，回路内就产生热电势。

④ 热辐射　物体的热辐射随温度的变化而变化。

⑤ 红外线　随着温度的升高，物体的辐射能量增强。

此外，还有一些新的测温技术，如射流测温、涡流测温、激光测温等。

（二）常用温度计

表 2-1 列出了常用温度计的种类及其优缺点。

表 2-1　常用温度计的种类及其优缺点

测温方式	工作原理	种　类	使用温度范围/℃	优　点	缺　点
接触式	热膨胀	玻璃管温度计	−50～600	结构简单,使用方便,测量准确,价格低廉	测量上限和精度受玻璃质量限制,易碎,不能记录和远传
		双金属温度计	−80～600	结构紧凑,机械强度大	精度低,量程和使用范围易有限制
	压力式	液体 气体 蒸汽	−30～600 −20～350 0～250	结构简单,不怕震动,具有防爆性,价格低廉	精度低,测温距离较远时,仪表的滞后现象较严重
	热电阻	铂、铜电阻温度计	−200～600	测温精度高,便于远距离、集中测量和自动控制	不能测量高温,由于体积大,测量点温度较困难
		半导体温度计	−50～300		
	热电偶	铜-康铜温度计	−100～300	测温范围广,精度高,便于远距离、集中测量和自动控制	需要进行冷端补偿,在低温段测量时精度低
		铂-铂铑温度计	0～1600		
非接触式	辐射	辐射式高温计	400～2000	感温元件不破坏被测物体的温度场,测温范围广	只能测高温,低温段测量不准,环境条件会影响测量准确度
	红外线	光电探测 热电探测	0～3500 200～2000	测温范围大,适于测温度分布,不破坏被测温度场,响应快	易受外界干扰,标定困难

下面介绍几种温度计。

1. 热膨胀温度计

热膨胀温度计是利用物体热胀冷缩的原理来实现温度的测量的。它包括液体膨胀式温度计（如水银玻璃管温度计、酒精玻璃管温度计）和固体膨胀式温度计（如双金属温度计）两种。

玻璃管温度计结构简单、价格便宜、读数方便，而且有较高的精度。实验室用得最多的是水银玻璃管温度计和酒精玻璃管温度计。水银玻璃管温度计测量范围广、刻度均匀、读数准确，但玻璃管破损后会造成汞污染，对人体有较大危害。酒精玻璃管温度计读数明显，但读数误差较大。

双金属温度计中的感温元件是由两片线膨胀系数不同的金属片叠焊在一起制成的。双金属片一端固定，另一端连接着指针。两金属片因膨胀程度不同，在不同温度下，造成双金属片卷曲程度不同，指针则随之在刻度盘上指示出相应的温度数值。

2. 热电偶温度计

热电偶温度计是以热电效应为基础的测温仪表，由三部分组成：热电偶（感温元件）、测温仪表、连接热电偶和测量仪表的导线（补偿导线及铜导线）。它结构简单，坚固耐用，使用方便，精度高，测量范围宽，便于远距离、多点、集中测量和自动控制，是应用很广泛的一种温度计。几种常用的热电偶的特性数据见表 2-2。

表 2-2 常用热电偶特性表

热电偶名称	型号	分度号	热电极材料		测温范围/℃	
			正热电极	负热电极	长期使用	短期使用
铂铑$_{30}$-铂铑$_{6}$	WRR	B	铂铑$_{30}$合金	铂铑$_{6}$合金	300～1600	1800
铂铑$_{10}$-铂	WRP	S	铂铑$_{10}$合金	纯铂	－20～1300	1600
镍铬-镍硅	WRN	K	镍铬合金	镍硅合金	－50～1000	1200
镍铬-铜镍	WRE	E	镍铬合金	铜镍合金	－40～800	900
铁-铜镍	WRF	J	铁	铜镍合金	－40～700	750
铜-铜镍	WRC	T	铜	铜镍合金	－400～300	350

3. 热电阻温度计

热电阻温度计是利用金属导体的电阻值随温度变化而变化的特性来进行温度测量的，它适用于测量－200～500℃温度范围内液体、气体、蒸汽及固体表面的温度，具有测量精度高、性能稳定、灵敏度高、信号可以远距离传送和记录等特点。热电阻温度计的缺点是不能测定高温，因流过电流大时，会发生自热现象而影响准确度。

热电阻温度计是由热电阻、显示仪表以及连接导线所组成。常用的热电阻温度计有铂电阻温度计、铜电阻温度计、镍电阻温度计、热敏电阻温度计等。

热电阻的结构有普通型热电阻、铠装热电阻、端面热电阻、隔爆型热电阻等形式。

4. 半导体温度计

半导体的电阻值随着温度的升高而减小，并且变化幅度较大，细小的温度变化便可使电阻值产生明显的变化，因此所制成的温度计有较高的精密度。半导体的电阻温度效应与金属的电阻温度效应相反。

5. 气体温度计

固定压力下，密度不大的气体，其体积和温度成线性关系。利用此关系制成的温度计，称为定压气体温度计。固定体积下，密度不大的气体，其压力和温度成线性关系。利用此关系制成的温度计，则称为定容气体温度计。

6. 光测高温计

物体温度若高到会发出大量的可见光时，便可利用测量其热辐射的多少得到其温度，此种温度计即为光测温度计。此温度计主要是由装有红色滤光镜的望远镜及一组带有小灯泡、电流计与可变电阻的电路制成。使用前，先建立灯丝不同亮度所对应温度与电流计上的读数的关系。使用时，将望远镜对正待测物，调整电阻，使灯泡的亮度与待测物相同，这时从电流计便可读出待测物的温度了。

三、流体压力的测量

在工业生产中，压力是重要的操作参数之一。压力测量的意义远远大于它自身，有些其他参数的测量，如物位、流量等往往是通过测量压力或差压来进行的，根据测得的压力或差压，就可确定物位或流量。

1. 常用压力计（表）

测量压力的仪表很多，有多种分类方式。按仪表的工作原理可分为液柱式压力计、弹性式压力计和电测式压力计。按所测的压力范围分为压力计、气压计、微压计、真空计、压差计等。按仪表的精度等级分为标准压强计（精度等级在 0.5 级以上）、工程用压强计（精度等级在 0.5 级以下）。按显示方式分为指示式、自动记录式、远传式、信号式等。

下面简要介绍实验室中常用的液柱式压力计和弹性式压力计。

（1）液柱式压力计

液柱式压力计是根据流体静力学原理，将被测压力转换成液柱高度来进行测量的。其特点是结构简单，精度较高，既可用于测量流体的压力，又可用于测量流体的压差。缺点是耐压程度差、测量范围小、容易破碎。液柱式压力计的基本形式有 U 形压力计、倒 U 形压力计、单管式压力计、斜管式压力计、微差压力计等。常用的工作液有水银、水、酒精。当被测压力或压力差很小，且流体是水时，还可用甲苯、氯苯、四氯化碳等作为指示液。

图 2-1～图 2-5 是几种常见的液柱式压力计的结构示意图。

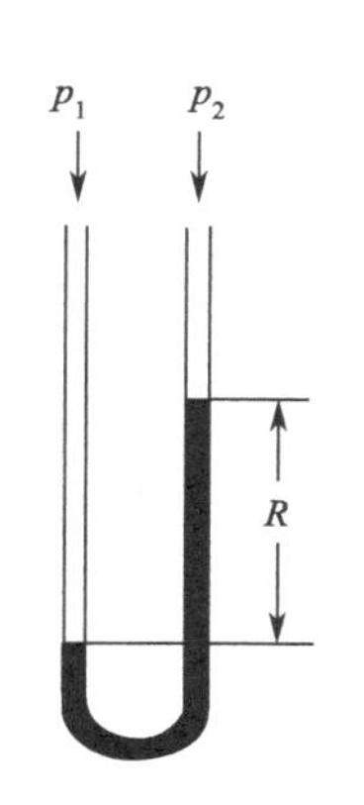

图 2-1　U 形压力计的结构

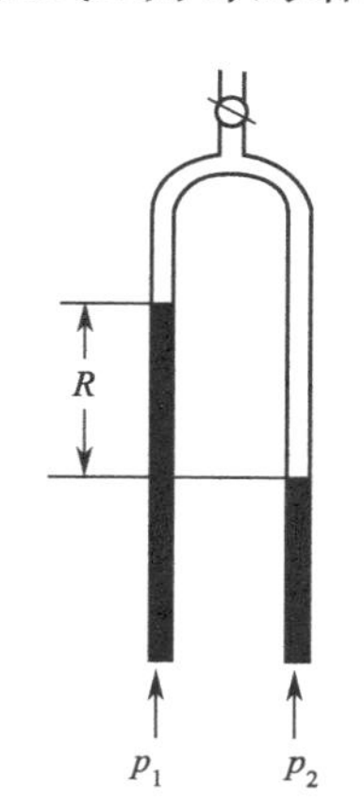

图 2-2　倒 U 形压力计的结构

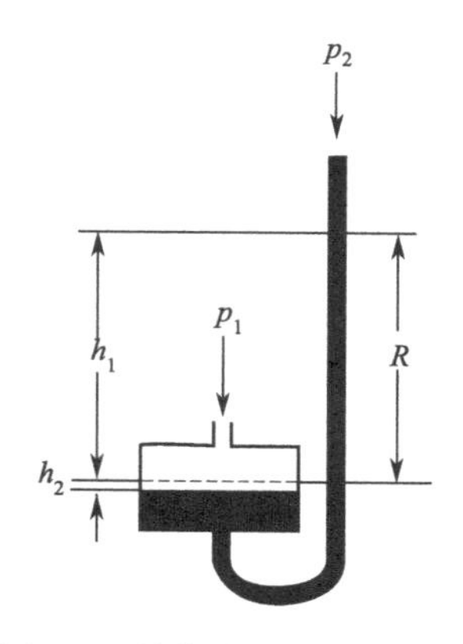

图 2-3　单管式压力计的结构

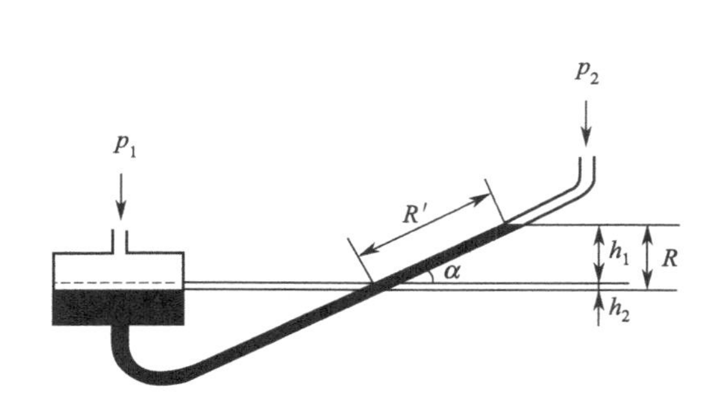

图 2-4　斜管式压力计的结构

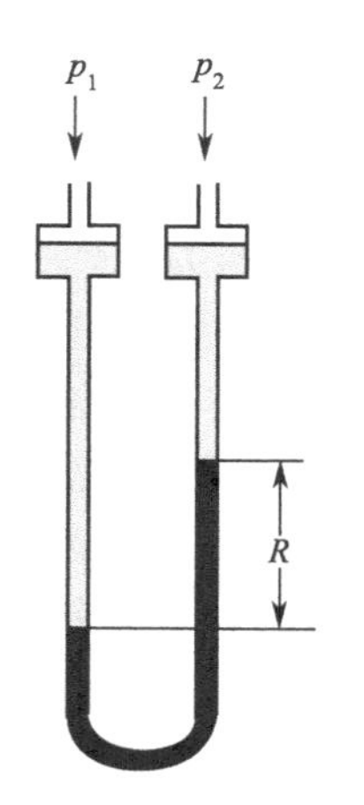

图 2-5　微差压力计的结构

（2）弹性式压力计

弹性式压力计是利用各种形式的弹性元件，在被测介质压力的作用下，使弹性元件受压后产生弹性变形的原理而制成的测压仪表。其特点是结构简单、使用方便可靠、测量范围大、精度较高且价格低廉等。

弹性压力计中常用的弹性元件有弹簧管、膜片、膜盒、皱纹管等，其中弹簧管压力表的测量范围极广，品种规格多，应用最为广泛。

弹簧管压力表主要由弹簧管、齿轮传动机构、示数装置（指针和面板）以及外壳等几个部分组成，其结构如图 2-6 所示。

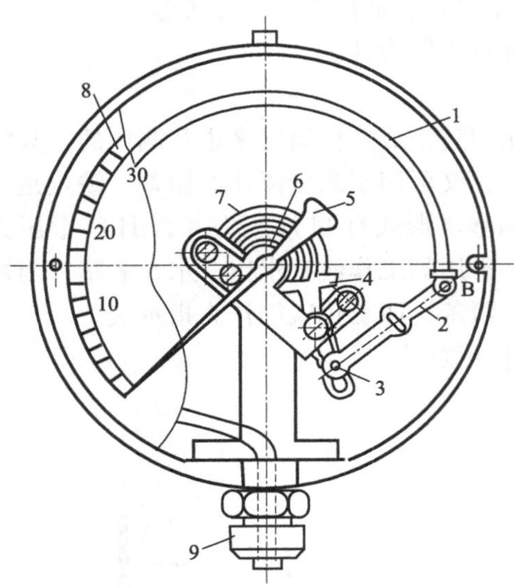

图 2-6 弹簧管压力表

1—弹簧管；2—拉杆；3—调整螺钉；4—扇形齿轮；5—指针；6—中心齿轮；7—游丝；8—面板；9—接头

弹簧管 1 是压力表的测量元件，它是一根弯成圆弧形的横截面为椭圆形的空心金属管子。椭圆的长轴与通过指针 5 的轴芯的中心线相平行，弹簧管的自由端 B 是封闭的，它借助于拉杆 2 和扇形齿轮 4 以铰链的方式相连，扇形齿轮 4 和中心齿轮 6 啮合，在中心齿轮轴心上装着指针，为了消除扇形齿轮和中心齿轮之间的间隙活动，在小齿轮的转轴上装置了螺旋形的游丝 7。弹簧管的另一端固定在接头 9 上，管接头用来把压力表与需要测量压力的空间连接起来，介质由所测空间通过细管进入弹簧管的内腔中。在介质压力的作用下，弹簧管由于内部压力的作用，其断面极力倾向变为圆形，迫使弹簧管的自由端产生移动，这一移动距离，即管端位移量，借助拉杆 2 带动齿轮传动机构扇形齿轮 4 和中心齿轮 6，使固定在中心齿轮上的指针 5 相对于面板旋转，在面板 8 的刻度尺上显示出被测压力的数值。指针旋转角度的大小正比于弹簧管自由端的位移量，亦即正比于所测压力的大小，因此弹簧管压力表的刻度标尺是线性的。

在实验室中常见的弹簧管压力表有普通弹簧管压力表、真空表、耐腐蚀的氨用压力表、禁油的氧气压力表等，其外形与结构基本上是相同的，只是所用的材料有所不同。

2. 压力计的选用

压力计的选用应根据工业生产过程和科学实验对压力测量的要求，综合考虑各方面的因素，选择合适的压力计。一般来说应考虑以下几个方面的问题。

（1）压力计类型的选用

要了解被测体系的物性、状态及周围的环境情况。如被测体系是否具有腐蚀性、黏度大小、温度高低和清洁程度以及周围环境的温度、湿度、震动情况，是否存在有腐蚀性气体等，所测压力是否要远传、自动记录数据。要根据具体情况选择适当的测压仪表。本书中的“实验五　填料塔吸收脱吸综合实验”所用氨气钢瓶上的压力表就是氨气专用压力表。

（2）压力计测量范围的确定

了解被测体系的压力大小、变化范围，选择适当量程的测压仪表。一般来说，在测量稳定压力时，最大工作压力不应超过测量上限值的 2/3；测量脉动压力时，最大工作压力不应超过测量上限值的 1/2；测量高压压力时，最大工作压力不应超过测量上限值的 3/5。

（3）压力计精度等级的选取

一般来说，压力计精度等级越高，则测量结果越准确、可靠。但精度等级越高的压力计，价格越贵，操作和维护也费时费力。因此，在满足工艺要求的情况下，应尽可能选用精度较低、价格便宜、耐用的压力计。

3. 压力计的安装

压力计安装是否正确，直接影响到测量结果的准确性和压力计的使用寿命。压力计安装主要包括测压点的选择、导压管铺设、安装压力计等。

（1）测压点的选择

在能真实反映被测压力大小的前提下，测压点应尽量选在受流体流动干扰最小的地方。一般遵循下列原则：

① 要选在被测流体直线流动的管段部分，不宜选在管路拐弯、分叉、死角及其他易形成旋涡的地方。

② 测量流动流体的压力时，取压点应与流动方向垂直。

③ 测量液体压力时，为了防止气体和固体颗粒进入导压管，水平或侧斜管道中取压口应开在管道下半平面；测量气体压力时，为了防止液体和粉尘进入导压管，取压口应开在管道上半平面；测量蒸汽压力时，取压口一般开在管道的侧面。

（2）导压管铺设

导压管铺设正确与否，直接影响到测量结果的准确性。

① 导压管粗细要合适。为了不引起二次环流，导压管的管径应细些，但细而长的导压管，阻尼作用很大，会使测量的灵敏度下降。因此，导压管的长度应尽可能缩短。一般来说，导压管的内径为 6～10mm ，长度小于 50m。

② 导压管水平安装时应保证有 1∶10～1∶20 的倾斜度，避免导压管中积存液体或气体。

③ 当被测流体易冷凝或冻结时，尚需加设保温伴热管线。

（3）压力计的安装

压力计的安装一般需要注意以下几点。

① 压力计应安装在易观察和检修的地方。

② 压力计安装位置应力求避免振动和高温影响。

③ 针对被测流体的不同性质，如高温、低温、腐蚀、脏污、结晶、沉淀、黏稠等，要采取相应的防热、防腐、防冻、防堵等措施。

④ 压力计和取压口之间应安装切断阀，以备检修压力计时用。

⑤ 安装导压管、压力计及辅助管件时，要注意连接处密封性。

四、流体流量的测量

所谓流量，是指单位时间内流过管道某一截面的流体数量的大小。若流体数量的大小用体积来表示，就是体积流量；若流体数量的大小用质量来表示，就是质量流量。根据定义，在一定的时间间隔内，取得流过的全部流体，量其体积或称其质量，即可得到流体的平均流量。这是最简单的测量流量的方法，称为量体积法和称重法，显然这些方法有其巨大的局限性。

测量流量的方法很多，其测量原理和所用的仪表结构形式也各不相同。目前测量流量的仪表常用的有差压式流量计、转子流量计、涡轮流量计和湿式流量计等。

1. 差压式流量计

差压式流量计是基于流体流过节流装置时所产生的压强降来实现流量测量的。它是目前工业生产中测量流量最成熟、最常用的方法之一。通过差压变送器将节流装置产生的压差信号转换成相应的标准信号，配以显示仪表显示、记录或控制其流量。常用的节流装置，如孔板、喷嘴、文丘里管等，均已标准化，称为“标准节流装置”。标准化的具体内容包括节流装置的结构、尺寸、加工要求、取压方法、使用条件等。因为节流装置结构不同，也就有了不同形式的差压式流量计，如孔板流量计、文丘里流量计等。

（1）孔板流量计和文丘里流量计的结构

孔板流量计和文丘里流量计都是基于能量守恒定律和流体流动连续性定律为基准设计的。图 2-7 和图 2-8 分别是孔板断面示意图和文丘里流量计示意图。

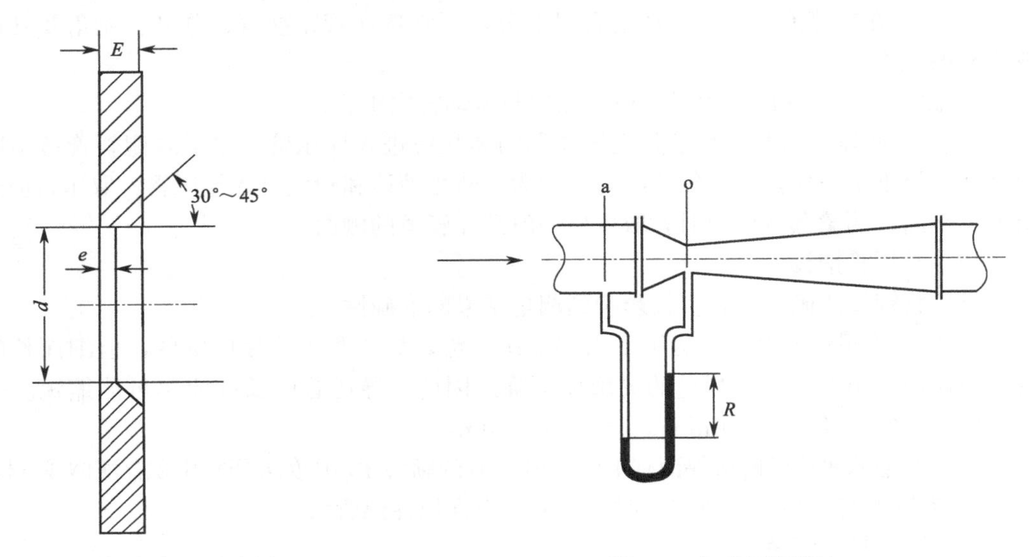

图 2-7　孔板断面示意图　　图 2-8　文丘里流量计

（2）孔板流量计和文丘里流量计的安装和使用

孔板流量计安装位置的前后都要有一段内径不变的直管，以保证流体流过孔板之前的速度分布稳定。通常孔板前面直管长度为管内径的 50 倍以上，孔板后面直管长度为管内径的 10 倍以上。若孔板上游不远处装有弯头、阀门等，流量计读数的精确性和重现性都会受到影响。

孔板流量计结构简单，使用方便，可用于高温、高压场合，但流体流经孔板时的能量损耗较大。文丘里流量计的优点是能量损失小，但其各部分尺寸要求严格，需要精细加工，造价较高。

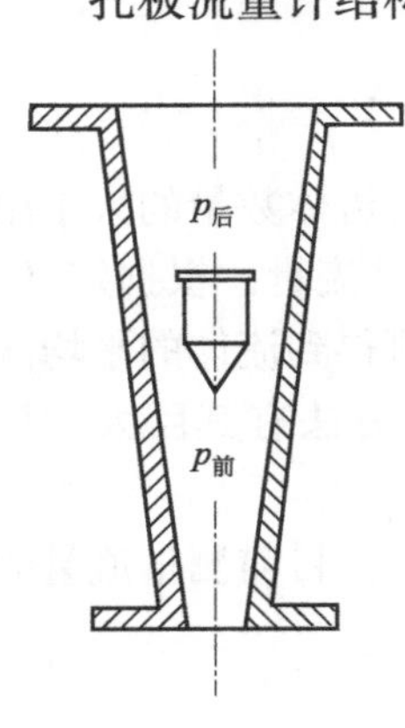

图 2-9　转子流量计的工作原理

2. 转子流量计

转子流量计适用于测量小的流量，也是工业生产和科学实验中最常用的流量计之一。

（1）转子流量计的测量原理

转子流量计是在压降不变的情况下，利用节流面积的变化来测量流量的。

转子流量计的原理如图 2-9 所示，它主要由两个部分组成，一个是由下往上逐渐扩大的锥形管（通常用玻璃制成，锥度为 40′～3°）；另一个是锥形管内的可自由运动的转子。测量流量时，被测液体由锥形管下端进入，沿着锥形管向上运动，流过转子与锥形管之间的环隙，再从锥形管上端流出。当转子所受浮力与自身重力相等时，转子就会停留在一定高度上。根据锥形管上的刻度，即可直接读出被测流量的大小。

（2）转子流量计的流量换算

转子流量计玻璃管上的刻度值为体积流量，是在温度20℃、压力101.33kPa条件下用水或空气进行标定的。换句话说，转子流量计玻璃管上的刻度值，对用于测量液体流量来说，其上刻度代表20℃时水的体积流量；对用于测量气体流量来说，其上刻度代表101.33kPa压力、20℃下空气的体积流量。所以，一般情况下，转子流量计的读数并不是被测流体的实际流量，需要根据被测流体的密度、温度、压力等参数进行修正。

① 液体流量测量时的修正　对一般液体来说，当温度和压力改变时，流体的黏度变化不大（一般不超过0.01Pa·s），可通过下式对流体的体积流量进行修正：

$$V_{实}=\sqrt{\frac{(\rho_f-\rho)\rho_{水}}{(\rho_f-\rho_{水})\rho}}\times V_{标} \tag{2-4}$$

式中　$V_{实}$——被测介质实际流量，m^3/s；

$V_{标}$——用水标定时的刻度流量，m^3/s；

ρ_f——转子材料的密度，kg/m^3；

ρ——被测流体的密度，kg/m^3；

$\rho_{水}$——标定条件下（20℃）水的密度，kg/m^3。

② 气体流量测量时的修正　对于非空气介质和在非标准状态下使用时，可按下式进行修正：

$$V_1=V_0\sqrt{\frac{\rho_0 p_1 T_0}{\rho_1 p_0 T_1}} \tag{2-5}$$

式中　V_1，ρ_1，p_1，T_1——工作状态下介质的体积流量、密度、绝对压力和热力学温度；

V_0，ρ_0，p_0，T_0——在标准状态下（101.33kPa，293K）空气的体积流量、密度、绝对压力和热力学温度。

（3）转子流量计的特点

① 可以测量液体、气体、蒸汽等几乎所有流体的流量；

② 与节流流量计比较，结构简单，适合于流量的现场指示；

③ 可以测量微小流量及低雷诺数的流量；

④ 因结构简单，容易制造耐腐蚀的流量计，适用于测量含腐蚀性的气体、液体的流量；

⑤ 压力损失较小；

⑥ 价格便宜，容易安装。

转子流量计的缺点主要是精度易受流体物理参数变化的影响。

（4）转子流量计的安装与使用

转子流量计在安装和使用时应注意以下问题：

① 转子流量计必须垂直安装，不允许有明显的倾斜（倾角要小于2°），否则会带来测量误差。

② 为了检修方便，在转子流量计上游应设置调节阀。

③ 转子对沾污比较敏感。如果黏附污垢，则转子的质量、环形通道的截面积会发生变化，甚至还可能出现转子不能上下垂直浮动的情况，从而引起测量误差。

④ 调节或控制流量不宜采用电磁阀等速开阀门，否则，迅速开启阀门，转子就会冲到顶部，因骤然受阻失去平衡而将玻璃管撞破或将玻璃转子撞碎。

⑤ 被测流体温度若高于70℃时，应在流量计外侧安装保护套，以防玻璃管因溅有冷水而骤冷破裂。国产LZB系列转子流量计的最高工作温度有120℃和160℃两种。

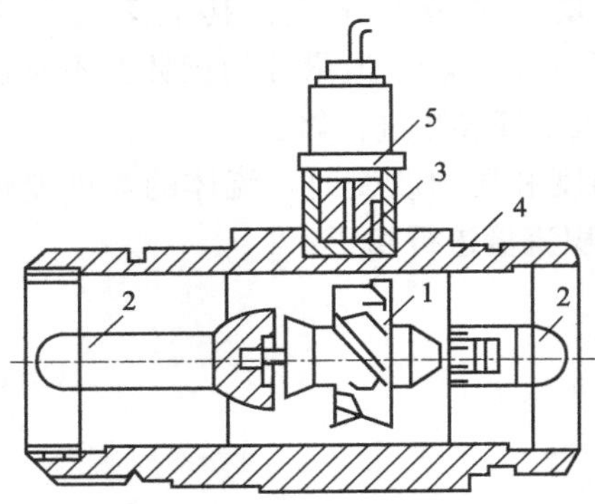

图2-10 涡轮流量计结构图
1—涡轮；2—导流器；3—磁电感应转换器；4—外壳；5—前置放大器

3. 涡轮流量计

涡轮流量计是以动量矩守恒原理为基础设计的流量测量仪表。

（1）涡轮流量变送器的结构和工作原理

涡轮流量计由涡轮流量变送器和显示仪表组成。涡轮流量变送器包括涡轮、导流器、磁电感应转换器、外壳及前置放大器等部分，如图2-10所示。

涡轮是用高导磁系数的不锈钢材料制成，叶轮芯上装有螺旋形叶片，流体作用于叶片上使之旋转。导流器用以稳定流体的流向和支撑叶轮。磁电感应转换器由线圈和磁铁组成，用以将叶轮的转速转换成相应的电信号。涡轮流量计的外壳由非导磁不锈钢制成，用以固定和保护内部零件，并与流体管道连接。前置放大器用以放大磁电感应转换器输出的微弱电信号，进行远距离传送。

涡轮流量计的工作原理：在管道中心安放一个涡轮，两端由轴承支撑。当流体流过管道时，冲击涡轮叶片，对涡轮产生驱动力矩，使涡轮克服摩擦力矩和流体阻力矩而产生旋转。在一定的流量范围内，对一定的流体介质黏度，涡轮的旋转角速度与流体流速成正比。当涡轮转动时，涡轮叶片切割置于该变送器壳体上的检测线圈所产生的磁力线，使检测线圈磁电路上的磁阻周期性变化，线圈中的磁通量也跟着发生周期性变化，检测线圈产生脉冲信号，即脉冲数。其值与涡轮的转速成正比，也即与流量成正比。这个电讯号经前置放大器放大后，送入显示仪表，就可以实现流量的测量。

（2）涡轮流量计的特点

① 测量精度高，其精度可以达到0.5级以上，在小范围内甚至可达0.1%，故可作为校验1.5～2.5级普通流量计的标准计量仪表。

② 可耐高压，静压可达50MPa。

③ 对被测信号变化的反应快，适宜于脉动流量的测量。

④ 输出信号为电频率信号，便于远传，不受干扰。

（3）涡轮流量计的安装和使用

涡轮流量计在安装和使用时应注意以下问题：

① 涡轮流量变送器应水平安装，并保证其前后有适应的直管段，一般入口直管段的长度取管道内径的10倍以上，出口直管段的长度取管道内径的5倍以上。

② 被测介质对涡轮不能有腐蚀，特别是轴承处，否则应采取措施。

③ 被测流体必须洁净，切勿使污物、铁屑等进入变送器。必要时应加装过滤器。

④ 保证流体的流动方向与仪表外壳的箭头方向一致，不得装反。

4. 测速管

测速管又名毕托管，是用来测量导管中流体的点速度的。它的构造如图 2-11(a) 所示，图 2-11(b) 为局部放大图。

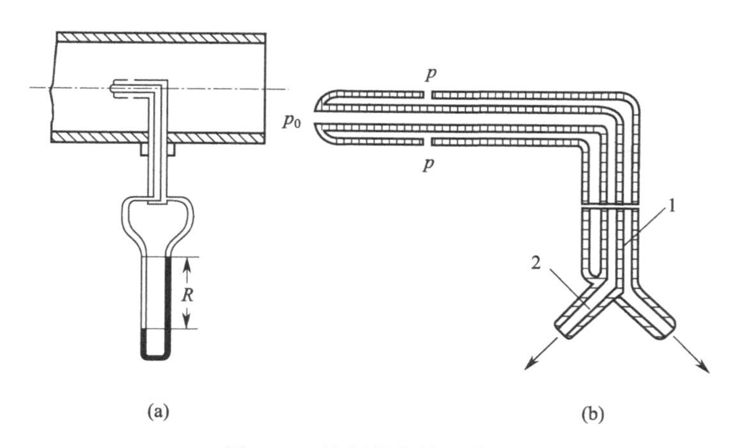

图 2-11　毕托管的构造简图

1—静压力导压管；2—总压力导压管

测速管的特点是装置简单，对于流体的压头损失很小；它只能测定点速度，可用来测定流体的速度分布曲线。在工业上测速管主要用于测量大直径管中气体的流速。因气体的密度很小，若在一般流速下，压力计上所能显示的读数往往很小，为减小读数的误差，通常须配以倾斜液柱压强计或其他微差压力计。若微差压力计仍达不到要求时，则须进行点速测量。由于测速管的测压小孔容易被堵塞，所以，测速管不适用于含有固体粒子的流体的测量。

测速管安装使用时要注意，探头一定要对准来流，任何角度的偏差都会给测量带来误差。测速点应位于均匀流段，前后距离应大于 50 倍管直径的直管长度，以保证流体在管中的流动稳定。

5. 湿式气体流量计

湿式气体流量计在测量气体体积总量时，其准确度较高，特别是小流量时，它的误差比较小。可直接用于测量气体流量，也可用来作标准仪器，检定其他流量计。湿式气体流量计是实验室常用的仪表之一。

(1) 湿式气体流量计工作原理

湿式气体流量计属于容积式流量计。它主要由圆鼓形壳体、转鼓及传动记数机构所组成，如图 2-12 所示。转鼓是由圆筒及四个弯曲形状的叶片所构成。四个叶片构成四个体积相等的小室。鼓的下半部浸没在水中。充水量由水位器指示。气体从背部中间的进气管处依次进入各室，并相继由顶部排出时，迫使转鼓转动。转动的次数通过齿轮机构由指针或机械计数器计数，也可以将转鼓的转动次数转换为电信号作远传显示。

(2) 湿式气体流量计使用方法

① 将湿式气体流量计摆放在工作台上，调整地脚螺钉，使水准器水泡位于中心。

② 打开水位控制器密封螺帽，拉出内部的毛线绳。

③ 在温度计或压力计的插孔内，向仪表内注入蒸馏水，直到蒸馏水从水位控制器孔内流出时为止。当多余的蒸馏水从水位控制器孔内顺着毛线绳流干净时，再将毛线绳收入水位

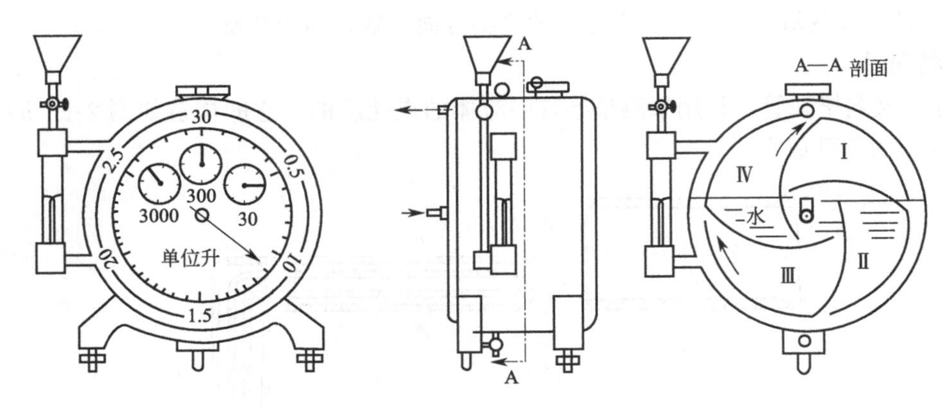

图 2-12 湿式气体流量计

控制器螺帽内，并拧紧密封螺帽。

④ 装好温度计和压力计。

⑤ 按进出气方向连接好气路，并且密封。开启气阀，即可进行气体流量测量。

（3）使用湿式气体流量计要注意的问题

① 使用过程中，要经常注意仪表内水位保持，否则会影响测量精度。

② 最好在仪表指针运转数周后再进行计数测量。

③ 湿式气体流量计不宜放置在过冷室内，以免内部结冰。

④ 湿式气体流量计长期不用时，应将仪表内的蒸馏水放干净。

第三章　化工原理基本实验

实验一　流体力学综合实验

一、实验目的

1. 熟悉流体在管路中流动阻力的测定方法及实验数据的归纳。
2. 测定直管摩擦系数 λ 和 Re 关系曲线及局部阻力系数 ζ。
3. 测出管路特性曲线。
4. 了解离心泵的构造，熟悉其操作和调节方法。
5. 测出离心泵在固定频率下的特性曲线。
6. 识别实验装置中各阀门、管件及仪表，了解其作用。
7. 学会涡轮流量计的使用。

二、实验原理

流体在管路中的流动阻力分为直管阻力和局部阻力两种。直管阻力是流体流经一定管径的直管时，由于流体内摩擦而产生的阻力，可由下式计算：

$$H_f=\frac{-\Delta p}{\rho g}=\lambda\ \frac{l}{d}\times\frac{u^2}{2g} \tag{3-1}$$

局部阻力主要是由于流体流经管路中的管件、阀门及管截面的突然扩大或缩小等局部地方所引起的阻力，计算公式如下：

$$H_f'=\frac{-\Delta p'}{\rho g}=\zeta\times\frac{u^2}{2g} \tag{3-2}$$

管路的能量损失：

$$\sum H_f=H_f+H_f' \tag{3-3}$$

式中　H_f——直管阻力，m 液柱；
　　λ——直管摩擦阻力系数；
　　l——管长，m；
　　d——直管内径，m；
　　u——管内平均流速，m/s；
　　g——重力加速度，9.81m/s^2；
　　Δp——直管阻力引起的压强降，Pa；
　　ρ——流体的密度，kg/m^3；
　　ζ——局部阻力系数。

由式(3-1) 可得：

$$\lambda=\frac{-\Delta p\times 2d}{\rho l u^2} \tag{3-4}$$

这样，利用实验方法测取不同流量下长度为 l 直管两端的压差 Δp，即可计算出 λ 和 Re，然后在双对数坐标纸上标绘出 λ-Re 的曲线图。

离心泵的性能受到泵的内部结构、叶轮形式、叶轮转速的影响。实验将测出的 H-Q、N-Q、η-Q 之间的关系标绘在坐标纸上成为三条曲线，即为离心泵的特性曲线，根据曲线可找出泵的最佳操作范围，作为选泵的依据。

离心泵的扬程可由进、出口间的能量衡算求得：

$$H = H_{泵出口} - H_{泵入口} + h_0 + \frac{u_2^2 - u_1^2}{2g} \tag{3-5}$$

式中 $H_{泵出口}$——离心泵出口处的压力，kPa；

$H_{泵入口}$——离心泵入口处的压力，kPa；

h_0——离心泵进、出口管路两测压点间的垂直距离，可忽略不计；

u_1——吸入管内流体的流速，m/s；

u_2——压出管内流体的流速，m/s。

由于泵在运转过程中存在种种能量损失，使泵的实际压头和流量较理论值为低，而输入泵的功率又较理论值为高，所以泵的效率：

$$\eta = \frac{N_e}{N} \times 100\% \tag{3-6}$$

而泵的有效功率：

$$N_e = \frac{QH_e\rho g}{3600 \times 1000} \tag{3-7}$$

式中 N_e——泵的有效功率，kW；

N——电机的输入功率，由功率表测出，kW；

Q——泵的流量，m^3/h；

H_e——泵的扬程，m 水柱。

三、实验装置及流程

实验装置及流程如图 3-1 所示。

相关数据：

入口内径 50mm；出口内径 50mm；直管内径 36mm；直管管长 1.3m。

四、实验步骤

1. 确认各阀门开关状态。阀门 7、闸阀 10、截止阀 11 全开；阀门 8、阀门 9 全关。

2. 打开灌泵阀门 3，向小型水槽内加水，待软管有水流出，关闭阀门。

3. 按下控制柜绿色电源按钮，显示屏亮起，点击左下方频率控制面板，设定为 50Hz，确定，点击启动键，开泵，缓慢打开阀门 9。

4. 直管阻力的测定。设定频率为 50Hz，调节出口阀，管路流量从大到小测取 10 次。每次取值待屏幕显示数值稳定后，依次记录显示屏上管路流量、直管压差值。

5. 闸阀、截止阀局部阻力系数的测定。设定频率为 50Hz，调节出口阀，管路流量在 2～$4m^3/h$ 范围内取值 3 次，每次取值待控制屏幕显示数值稳定后，依次记录管路流量、闸阀压差、截止阀压差等仪表示值。

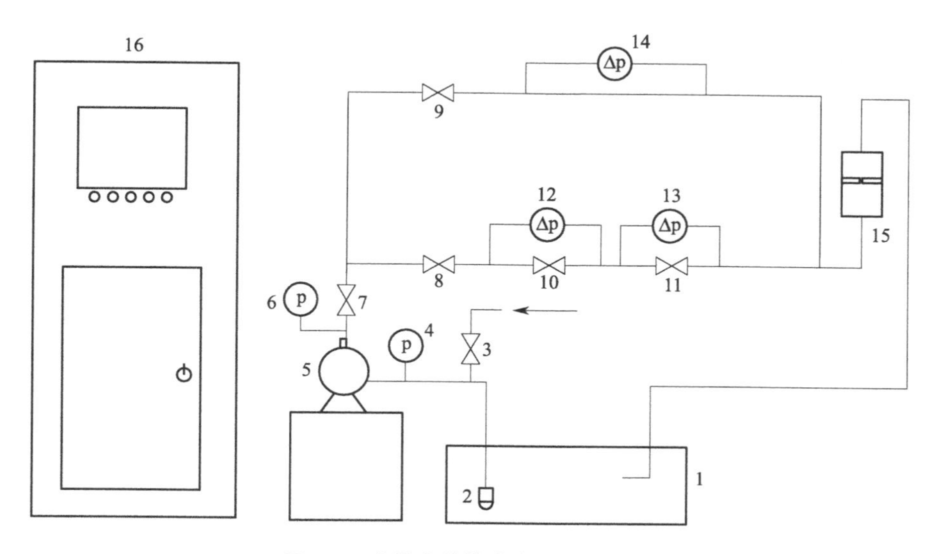

图 3-1 流体力学综合实验装置流程

1—水箱；2—底阀；3—灌泵阀；4—泵入口处压力；5—离心泵；6—泵出口处压力；7—出口流量调节阀；8,9—管路阀门；10—闸阀；11—截止阀；12～14—差压变送器；15—涡轮流量计；16—触屏控制柜

6. 离心泵特性曲线的测定。设定频率为 50Hz，调节出口阀，管路流量从最大到零测取 13 次，每次取值待屏幕显示数值稳定后，依次记录管路流量、泵出口处压力、泵入口处压力、电压、电流等值。

7. 管路特性曲线的测定。将管路中阀门 8 关闭，其他阀门全开，初始设定频率为 50Hz，待屏幕显示数值稳定后，依次记录管路流量、泵入口压力、泵出口压力示值。调节离心泵频率，重复上述实验 10 次，记录相关数据。

8. 实验完毕后，关闭设备阀门，点击屏幕停止键，停泵，按下控制柜红色按钮关机。

五、实验报告

1. 计算直管摩擦系数及雷诺数，在双对数坐标纸上标绘 λ-Re 的关系曲线。

2. 分别计算闸阀、截止阀全开时的局部阻力系数。

3. 以流量 Q 为横坐标，N、H_e 及 η 为纵坐标，绘出此离心泵的特性曲线。在离心泵的特性曲线图上标明泵的型号和转速（请参照所学教材）。

4. 以流量 Q 为横坐标，H 为纵坐标，绘出流体管路的特性曲线。

六、思考题

1. 以水为工作流体所测得的 λ-Re 关系曲线能否适用于其他种类的牛顿型流体？请说明原因。

2. 如果要增加雷诺数的范围，可采取哪些措施？

3. 测出的直管摩擦阻力与直管的放置状态有关吗？请说明原因。

4. 影响流体流动型态的因素有哪些？

5. 离心泵启动时，为什么要关闭出口阀？关闭离心泵时，为什么要关闭出口阀？

6. 测定离心泵的特性曲线并绘出曲线图时为什么要注明转速数值？

7. 离心泵怎样启动？为什么？

8. 离心泵启动后，如不打开出口阀会有什么结果？
9. 为什么离心泵可用出口阀来调节流量？
10. 试分析不同流量调节方式的管路能耗。
11. 试分析气缚和汽蚀现象的区别。
12. 试分析离心泵的允许吸上真空高度与允许安装高度的区别。
13. 请写出流体力学实验装置中用到的阀门名称。

七、注意事项

1. 注意电机和泵是否能正常运转、有无杂音、电机是否发热等，一旦发现异常，立即关闭泵电源开关。

2. 泵启动前先冲水排气，启动时应关闭出口阀，停泵前也应先关出口阀，禁止离心泵在出口阀关闭情况下长时间空转。

3. 泵启动后，应及时打开出口阀，观察泵是否已正常输水工作，如果没有应及时停泵，以保护机械密封装置。

4. 当测量流量为零的数据点时，即出口阀全关，数据测量时间不宜太长，以免泵壳内水发热汽化。

八、实验数据表

实验数据分别填入表 3-1～表 3-3。

离心泵的型号：　　　　　　；　　　泵的转速：

表 3-1　直管阻力与离心泵特性曲线的测定原始数据表

序号	管路流量 /(m^3/h)	直管压差/kPa	泵出口压力/kPa	泵入口压力/kPa	电压/V	电流/A
1						
2						
3						
4						
5						
6						
7						
8						
9						
10						
11						
12						
13						

表 3-2　闸阀、截止阀局部阻力系数测定原始数据表

序号	管路流量 /(m^3/h)	闸阀压差 /kPa	截止阀压差 /kPa	闸阀局部阻力系数	截止阀局部阻力系数
1					
2					
3					
平均值					

表 3-3　管路特性曲线测定原始数据表

序号	频率/Hz	管路流量/(m^3/h)	泵入口压力/kPa	泵出口压力/kPa
1				
2				
3				
4				
5				
6				
7				
8				
9				
10				

实验二　传热综合实验

一、实验目的

1. 利用套管换热器测定蒸汽冷凝与冷空气（水）之间的总传热系数。

2. 比较冷空气（水）以不同流速流过圆形直管时，总传热系数的变化。

3. 测定套管换热器中，空气（水）在圆形直管内作强制湍流时的对流传热系数 α，并确定 Nu 和 Re 之间的关系。

4. 通过实验提高对 α 关联式的理解，并分析影响 α 的因素，了解工程上强化传热的措施。

二、实验原理

两流体通过间壁的传热过程是由热流体对管壁的对流传热、管壁热传导和管壁对冷流体对流传热的串联过程组成的。所选基准面积不同，总传热系数的数值也不同。

在套管换热器中一边蒸汽冷凝、一边冷空气（水）被加热情况下的总传热系数，其值可由下式计算：

$$K=\frac{Q}{S_0\Delta t_m} \tag{3-8}$$

式中　K——总传热系数，W/(m^2·℃)；

Q——传热速率，W；

S_0——传热管的外表面积，m^2；

Δt_m——对数平均温度差，℃。

$$\Delta t_m=\frac{(T-t_{进})-(T-t_{出})}{\ln\frac{T-t_{进}}{T-t_{出}}} \tag{3-9}$$

式中　T——饱和蒸汽温度，℃，根据饱和蒸汽压力表查表得到；

$t_{进}$，$t_{出}$——冷空气（水）进、出口温度，℃。

通过套管换热器间壁的传热速率，即冷空气（水）通过换热器被加热的速率，用下式求得：

$$Q=m_s c_p (t_{出}-t_{进}) \tag{3-10}$$

式中 m_s——空气（水）的质量流量，kg/s；

c_p——空气（水）在进出口平均温度下的比热容，J/(kg·℃)。

传热速率方程：

$$Q=\alpha S_i \Delta t_m \tag{3-11}$$

式中 S_i——传热管的内表面积，m^2；

α——空气（水）在圆形直管内作强制湍流时的对流传热系数；

Δt_m——空气（水）和管壁的对数平均温度差。

$$\Delta t_m=\frac{(t_{w进}-t_{进})-(t_{w出}-t_{出})}{\ln\frac{t_{w进}-t_{进}}{t_{w出}-t_{出}}} \tag{3-12}$$

由式(3-10)～式(3-12) 联解，即可求出 α。

定性温度取空气（水）进、出口温度的算术平均值。

对于低黏度流体，在圆形直管内作强制湍流时，关系式可表示为

$$Nu=CRe^m Pr^{0.4} \tag{3-13}$$

本实验中，可用图解法和最小二乘法计算准数关联式中的指数 m 和系数 C。

用图解法对式(3-13) 进行关联，两边取对数，得到直线方程：

$$\lg\frac{Nu}{Pr^{0.4}}=\lg C+m\lg Re \tag{3-14}$$

在双对数坐标系中作图，找出直线斜率，即为方程的指数 m。在直线上任取一点的函数值，代入方程(3-14) 中得到系数 C。

用图解法，根据实验点确定直线位置，有一定的人为性。而用最小二乘法回归，可以得到最佳关联结果。

壁温的测定是将热电偶焊在内管的外管壁的槽内，其值可由数字显示表直接读取。

三、实验装置及流程

本设备（图 3-2）由紫铜管为内管，无缝钢管为外管组成套管换热器。内管的进出口端各装有热电阻温度计一支，用于测量空气（水）的进出口温度。内管的进、出口端外壁表面上，各焊有三对热电偶，型号为 WRNK-192。紫铜管 ϕ16mm×2mm，长 1.20m；转子流量计 LZB-25；数字显示表 SWP-C40。

四、实验步骤

1. 检查管路系统各阀门开启状态是否正常，锅炉液位是否合理。

2. 按下仪表柜上仪表开关、加热开关。待锅炉蒸汽压力恒定后，打开不凝气排放阀，排净套管中空气，然后关闭不凝气排放阀。

3. 风机启动。关闭空气流量调节阀，全开旁路阀，按下风机启动按钮。

4. 全开空气流量调节阀，若空气流量太小，可适当关小旁路阀。待空气进口温度降下

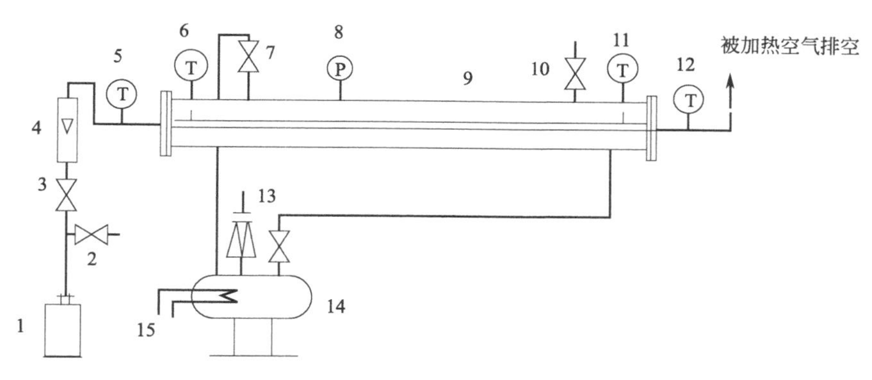

图 3-2 传热综合实验装置流程图

1—风机；2—旁路阀；3—空气流量调节阀；4—空气转子流量计；5—空气进口温度；6—进口壁温；7—蒸汽调节阀；8—蒸汽压力表；9—套管换热器；10—不凝气排放阀；11—出口壁温；12—空气出口温度；13—安全阀；14—锅炉；15—电加热系统

来，显示基本不变时，改变空气流量，开始数据测量。

5. 从大到小改变冷空气的流量，取 6～8 点。每点测量时，待各仪表显示数值基本稳定后，才可记录空气流量、空气进口温度、空气出口温度、壁温等数据。

6. 实验结束后，停止加热，按下风机停按钮。

五、实验数据表

实验数据填入表 3-4。

紫铜管外表面积 $S_0=$　　m^2；蒸汽压力：0.04MPa（表压力），查得蒸汽温度 $T=$　　℃

表 3-4 数据记录表

序号	空气流量/(m^3/h)	空气进口温度/℃	空气出口温度/℃	进口壁温/℃			出口壁温/℃		
				点 1	点 2	点 3	点 4	点 5	点 6
1									
2									
3									
4									
5									
6									
7									
8									

六、思考题

1. 本实验要想提高 K 值应当增加哪一个管内的流体流量？
2. 紫铜管内壁的温度与哪一种流体的温度相接近？
3. 本实验中若套管间隙中有不凝性气体存在，对传热有什么影响？
4. 实验中所测的壁温接近蒸汽侧温度还是空气（水）侧温度？
5. 以空气为被加热介质的实验中，当流量增大时，管壁温度将会怎样变化？为什么？
6. 管内空气流动速度对传热膜系数有何影响？

7. 如果采用不同压强的蒸汽进行实验，对 α 关联式的关联有没有影响?

8. 传热过程的稳定性受哪些因素的影响?

9. 在本实验中，可以采取哪些强化传热方法?

10. 风机怎样启动? 风机的流量怎样调节?

11. 某糖厂的换热器，采用饱和水蒸气加热介质，运行一段时间后发现传热效果下降，试分析可能的原因?

七、注意事项

1. 调节空气流量时，保证管内流速呈湍流状态；取点时，使其在双对数坐标系上描点均匀。特别注意每改变一流量，要使操作稳定后再读取数据。特别是小流量时尤应如此。

2. 空气（水）调节阀要缓缓开启，以免转子上升过快，撞碎玻璃管。

3. 实验过程中，尽可能将空气旁路阀开到最大。

实验三　螺旋板换热器传热系数测定

一、实验目的

1. 熟悉螺旋板换热器的结构。

2. 测定螺旋板换热器热水与冷空气间传热系数。

3. 掌握水、空气流速对总传热系数的影响。

二、实验原理

螺旋板式换热器是由两块薄金属板焊接在一块分隔挡板上并卷成螺旋形成的。两块薄金属板在器内形成两条螺旋形通道，在顶、底部上分别焊有盖板或封头。进行换热时，冷、热流体分别进入两条通道，在器内作严格的逆流流动。

螺旋板换热器的优点为：传热系数高，不易堵塞，可精密控制温度，结构紧凑。缺点是：操作压强和温度不宜太高，不易检修。适于液液换热。

本实验采用热水-冷空气换热体系，总传热系数可由下式计算：

$$K=\frac{Q}{S\Delta t_{\mathrm{m}}} \tag{3-15}$$

式中　K——总传热系数，$\mathrm{W/(m^2 \cdot ℃)}$；

Q——传热速率，W；

S——传热面积，$\mathrm{m^2}$；

Δt_{m}——对数平均温度差，℃。

$$\Delta t_{\mathrm{m}}=\frac{(T_{进}-t_{出})-(T_{出}-t_{进})}{\ln\dfrac{T_{进}-t_{出}}{T_{出}-t_{进}}} \tag{3-16}$$

式中　$T_{进}$，$T_{出}$——热水进、出口温度，℃；

$t_{进}$，$t_{出}$——冷空气进、出口温度，℃。

通过螺旋板换热器间壁的传热速率，即冷空气通过换热器被加热的速率，计算公式同实验二中的式(3-10)。

其中：

$$m_{\mathrm{s}}=V_{\mathrm{s}}\rho_{\mathrm{s}}/3600 \tag{3-17}$$

式中　V_s——空气的体积流量，m^3/h；

ρ_s——进口温度 $t_{进}$ 条件下空气的密度，kg/m^3。

三、实验装置及流程

实验装置及流程如图 3-3 所示。

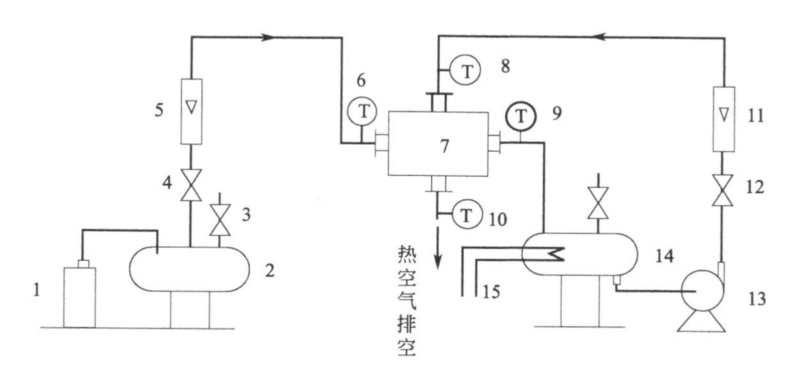

图 3-3　螺旋板换热器传热系数测定实验装置流程（螺旋板换热器换热面积：0.8m^2）

1—风机；2—空气稳压罐；3—旁路阀；4—空气流量调节阀；5—空气转子流量计；6—空气进口温度；7—螺旋板换热器；8—热水进口温度；9—热水出口温度；10—空气出口温度；11—水转子流量计；12—出口流量调节阀；13—离心泵；14—锅炉；15—电加热系统

四、实验步骤

1. 实验开始时，先打开仪表电源和热水恒温槽控温电源。

2. 等到热水温度升至为 59～60℃时，打开水泵电源，调节水流量至 150L/h，运行一段时间，使管路系统达到热稳定状态。

3. 打开气泵电源开关，调节仪表柜上的气泵流量旋钮，调节空气流量调节阀和空气稳压罐上的排空阀，将空气流量调至 10m^3/h，稳定一段时间，记录水与空气的进、出口温度。改变空气流量，共做 6～8 个点。

4. 固定空气流量为 30m^3/h，调节水流量，做 6～8 个点。

5. 关闭气泵电源、恒温水槽加热电源、水流调节阀、离心泵电源及仪表柜总电源。

五、实验数据表

实验数据填入表 3-5、表 3-6。

表 3-5　实验三数据记录表一（当水流量 150L/h 不变）

序号	空气流量 /(m^3/h)	空气 进口温度/℃	空气 出口温度/℃	水进口温度 /℃	水出口温度 /℃
1					
2					
3					
4					
5					
6					
7					
8					

表 3-6　实验三数据记录表二（当空气流量 $30m^3/h$ 不变）

序号	热水流量/(L/h)	空气进口温度/℃	空气出口温度/℃	水进口温度/℃	水出口温度/℃
1					
2					
3					
4					
5					
6					
7					
8					

六、思考题

1. 冷空气与热水流量的变化，哪一个对总传热系数影响大？
2. 冷空气与热水的进口温度对总传热系数的测定有何影响？
3. 气泵的流量调节应注意哪些事项？
4. 转子流量计的读数是否需要校正？请说明原因。
5. 为什么不能用热水侧的传热速率作为换热器的热负荷 Q 值？
6. 根据实验结果，判断螺旋板换热器是否适用于液体－空气传热。

实验四　精馏综合实验

第一部分　精馏塔全塔效率的测定

一、实验目的

1. 了解筛板精馏塔的结构。
2. 熟悉精馏工艺流程。
3. 掌握精馏塔的操作方法与调节。
4. 测定全回流及部分回流状况下的全塔效率和单板效率。

二、实验原理

如果每层塔板上的液体与离开该板的上升蒸气处于平衡状态，则称该塔为理论塔。

实际操作中，由于接触时间的限制以及其他因素的影响，不能达到平衡状态，即实际塔板的分离达不到理论板的理想分离效果。因此所需实际塔板数总比理论板数要多。

对于二元物系，若已知气液平衡数据，则根据塔顶馏出液的组成 x_D、塔釜残液的组成 x_W、原料液的组成 x_F 及操作回流比 R 和进料温度 t_F，就可用图解法求得理论塔板数。

1. 全回流状况下单板效率

对第 n 板而言，按气相组成变化表示的单板效率为

$$E_{MV}=\frac{y_n-y_{n+1}}{y_n^*-y_{n+1}} \tag{3-18}$$

式中　E_{MV}——按气相组成变化表示的单板效率；

y_{n+1}——由第 $n+1$ 块板上升至第 n 块板的气相组成（摩尔分数）；

y_n——由第 n 块板上升至第 $n-1$ 块板的气相组成（摩尔分数）；

y_n^*——与离开第 n 块板的液相 x_n 成平衡的气相组成（摩尔分数）。

全回流时 $R=\infty$，操作线与对角线重合。因此有：

$$y_{n+1}=x_n$$

$$y_n=x_{n-1} \tag{3-19}$$

式(3-18) 可写成：

$$E_{MV}=\frac{x_{n-1}-x_n}{y_n^*-x_n} \tag{3-20}$$

式中，x_{n-1}、x_n 分别为离开第 $n-1$、n 块板的液相组成（摩尔分数）。

这时，欲测定第 n 块塔板的单板效率，只要测取该板（n 板）及其上一板（$n-1$ 板）的液相组成 x_n 和 x_{n-1} 值。由 x_n 值根据平衡曲线查得 y_n^*，再代入式(3-20)，即可求出该板的单板效率。

2. 全塔效率 E_T

全塔效率又称总板效率，是指达到指定分离要求所需理论塔板数与实际塔板数的比值。可表示为：

$$E_T=\frac{N_T}{N_P} \tag{3-21}$$

式中　E_T——全塔效率；

N_T——理论塔板数（不包括蒸馏釜）；

N_P——实际塔板数（不包括蒸馏釜）。

三、实验装置及流程

实验装置及流程如图 3-4 所示。

主要技术数据：塔内径 ϕ80mm；实际塔板数 15 块；板间距 100mm；加料板位置为从塔顶开始第 11 块板上；孔径 ϕ2mm；开孔率 6%；再沸器最大加热功率 3kW；塔顶冷凝器面积（双程列管式）0.4m^2。

四、实验步骤

1. 首先熟悉精馏塔设备的结构和流程，并了解各部分的作用，检查整套装置管路系统及控制系统是否正常。

2. 向蒸馏釜中加入料液，维持液面在 2/3 处。料液组成在 15%（体积分数）左右。

3. 接通总电源，打开仪表柜上的电源和加热开关，用调压器逐渐加大电压（不能超过设备上规定值）。注意观察塔顶、塔釜的温度变化和第一块塔板的情况，当见到有上升蒸气时，向塔顶冷凝器通入冷却水，冷却水量大约 100L/h，其用量能将全部酒精蒸气冷却下来即可。但也要注意勿因冷却水过少而使蒸气从塔顶喷出。当各层塔板上汽液鼓泡正常时，操作稳定，塔顶、塔釜温度恒定不变 5min 后取样。由塔顶取样口和塔底取样口用锥形瓶接取适量试样，并冷却到 20～30℃之间。用酒精计分析其浓度，测完的样品倒入回收桶中。

4. 打开进料泵，调节进料量逐步升至 5～10L/h，回流比控制在设定值（$R=2$ 左右），

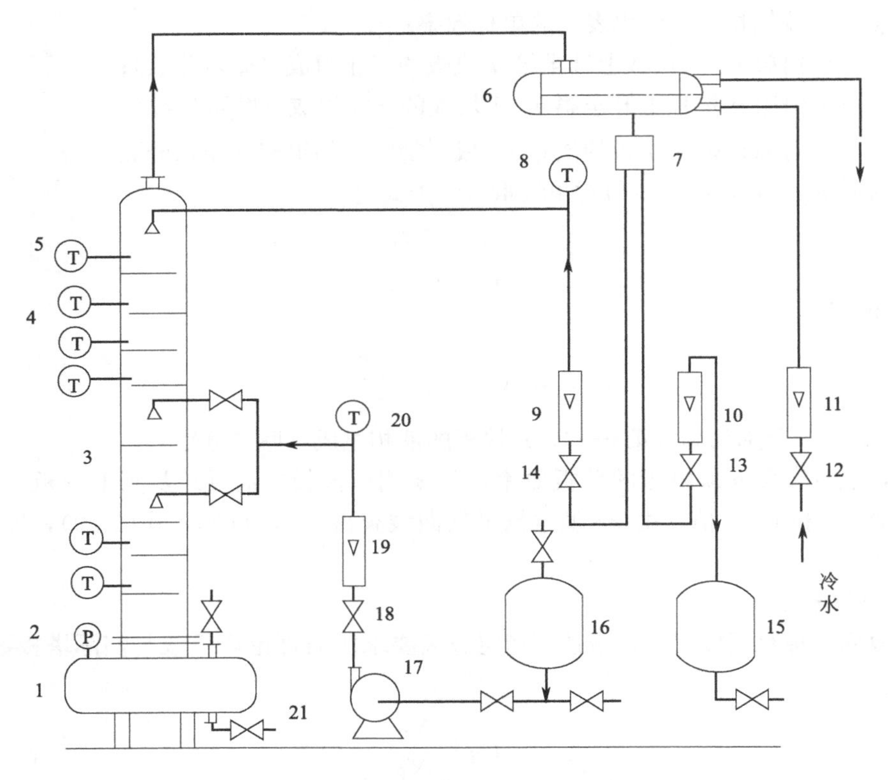

图 3-4 板式塔精馏实验装置流程

1—塔釜；2—塔釜压力；3—塔体；4—塔板温度；5—塔顶温度；6—冷凝器；7—冷凝液分配器；8—回流液温度；9—回流转子流量计；10—塔顶产品转子流量计；11—冷水转子流量计；12—水流量调节阀；13—塔顶产品流量调节阀；14—回流液流量调节阀；15—产品罐；16—原料罐；17—进料泵；18—进料流量调节阀；19—进料转子流量计；20—进料温度；21—塔釜出料控制阀

调节塔底热负荷，保持塔操作正常，开塔底出料。保持蒸馏釜液位恒定，全塔稳定操作一定时间后取样。

5. 停车，关进料泵及阀门，全回流，关掉电源，一切恢复原来状态，待塔内没有回流时将冷却水关闭。

五、实验报告

1. 在直角坐标纸上用图解法求出理论板数。
2. 求出全塔效率及单板效率。
3. 结合精馏塔的操作，对实验结果进行讨论。

六、思考题

1. 怎样判定全塔操作已达稳定?
2. 什么是全回流？全回流操作有哪些特点？在实际生产中有什么意义?
3. 精馏塔操作中，塔釜压力为什么是一个重要操作参数，塔釜压力与哪些因素有关?
4. 精馏实验中，塔釜的加热量主要消耗在何处？可采取哪些节能措施?
5. 塔釜加热热负荷大小对精馏塔的操作有什么影响?

6. 冷回流对精馏操作有什么影响?

7. 在精馏塔一般的操作过程中，若塔顶产品浓度达不到要求，应怎样调整操作?

8. 本实验中，进料状况为冷进料，当进料量太大时，为什么会出现精馏段干板，甚至出现塔顶既没有回流也没有出料的现象? 应如何调节?

9. 在精馏实验中，确定进料热状态参数气 q 值需测定哪些参数?

10. 进料位置是否可以任意选择，它对塔性能会产生什么影响?

11. 将本塔适当加高，是否可以得到无水酒精?

12. 板式塔气液两相的流动特点是什么?

七、注意事项

1. 注意蒸馏釜液位处在正常位置。

2. 调节加热电压不宜忽大忽小。

第二部分　填料精馏塔等板高度测定

一、实验目的

1. 了解填料式精馏塔的构造，熟悉精馏工艺流程。

2. 熟悉填料技术参数的测定方法。

3. 测定填料式精馏塔全回流操作时的等板高度。

二、实验原理

等板高度是与一层理论塔板的传质作用相当的填料层高度，也称理论板当量高度。

$$\mathrm{HETP}=\frac{Z}{N_{\mathrm{T}}} \tag{3-22}$$

式中　HETP——等板高度，m；

Z——填料层高度，m；

N_{T}——塔内相当的理论板数。

其中，理论板数的计算可通过测取全回流操作时 x_D、x_W，用图解法求得。

三、实验装置及流程

实验装置及流程如图 3-5 所示。

主要技术数据：塔内径 ϕ80mm；填料层高度 1600mm；填料类型 CY700；再沸器加热功率 3kW；塔顶冷凝器面积（双程列管式）0.4m^2。

四、实验步骤

1. 检查整套装置管路系统及控制系统是否正常。

2. 向蒸馏釜中加入料液，维持液面在 2/3 处。料液组成在 15%（体积分数）左右。

3. 接通总电源，打开仪表柜上的电源和加热开关，用调压器逐渐加大电压（不能超过设备上规定值）。注意观察塔顶、塔釜的温度变化。当塔釜温度 80℃左右时，向塔顶冷凝器通入冷却水，冷却水量大约 100L/h。全回流至塔顶、塔底温度基本不变。全塔稳定后取样。

4. 关掉电源，一切恢复原来状态，待塔内没有回流时将冷却水关闭。

五、实验报告

根据所测样本数据 x_D、x_W。在直角坐标纸上用图解法求出理论板数，计算等板高度。

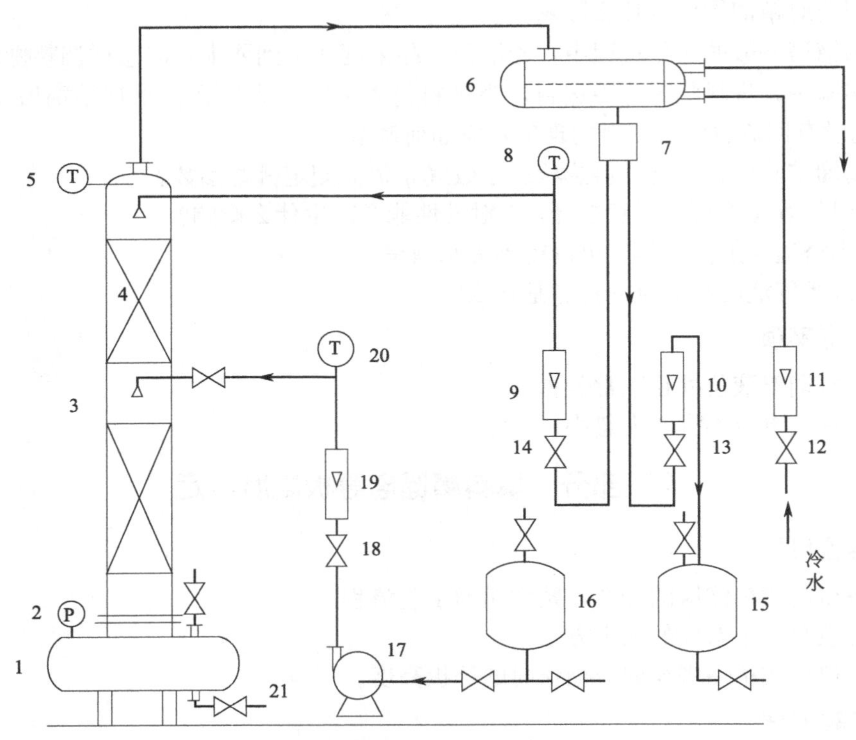

图 3-5 填料精馏塔等板高度测定实验装置流程

1—塔釜；2—塔釜压力；3—塔体；4—丝网填料；5—塔顶温度；6—冷凝器；7—冷凝液分配器；8—回流液温度；9—回流转子流量计；10—塔顶产品转子流量计；11—冷水转子流量计；12—水流量调节阀；13—塔顶产品流量调节阀；14—回流液流量调节阀；15—产品罐；16—原料罐；17—进料泵；18—进料流量调节阀；19—进料转子流量计；20—进料温度；21—塔釜出料控制阀

六、思考题

1. 等板高度与哪些因素有关？

2. 等板高度在工程上有什么实际应用？

七、注意事项

1. 开车前及整个过程中，随时检查塔底液位是否正常，若塔釜液位太低应及时补充料液，必要时须切断加热电源以免干烧。

2. 运行中必须保证足够的冷却水。

第三部分 特殊精馏实验——萃取精馏

一、实验目的

1. 掌握萃取精馏工艺的原理。

2. 熟悉萃取精馏操作流程。

3. 了解乙醇-水物系气相色谱分析方法。

二、实验原理

萃取精馏是一种用于分离共沸混合物的特殊精馏工艺。通常将第三组分（称为萃取剂）添加至原混合体系以改变原组分之间的相对挥发度，从而达到分离目的。对于二元共沸混合物的分离，萃取精馏工艺主要由两个精馏塔及其他设备组成。混合物与萃取剂首先进入萃取精馏塔，塔顶得到高纯度组分，塔釜物流则进入萃取剂回收塔。在萃取剂回收塔中，塔顶得到另一高纯度组分，塔釜得到回收的萃取剂，将其输送至萃取精馏塔实现重复利用。

萃取剂的选择应满足以下条件：

① 选择性高，少量萃取剂即可实现原组分相对挥发度的大幅增加；

② 挥发性小，萃取剂沸点要远高于原组分，并不与原组分形成共沸；

③ 萃取剂应与原组分相互溶解，不发生分层。

三、实验装置及流程

实验装置及流程如图 3-6 所示。

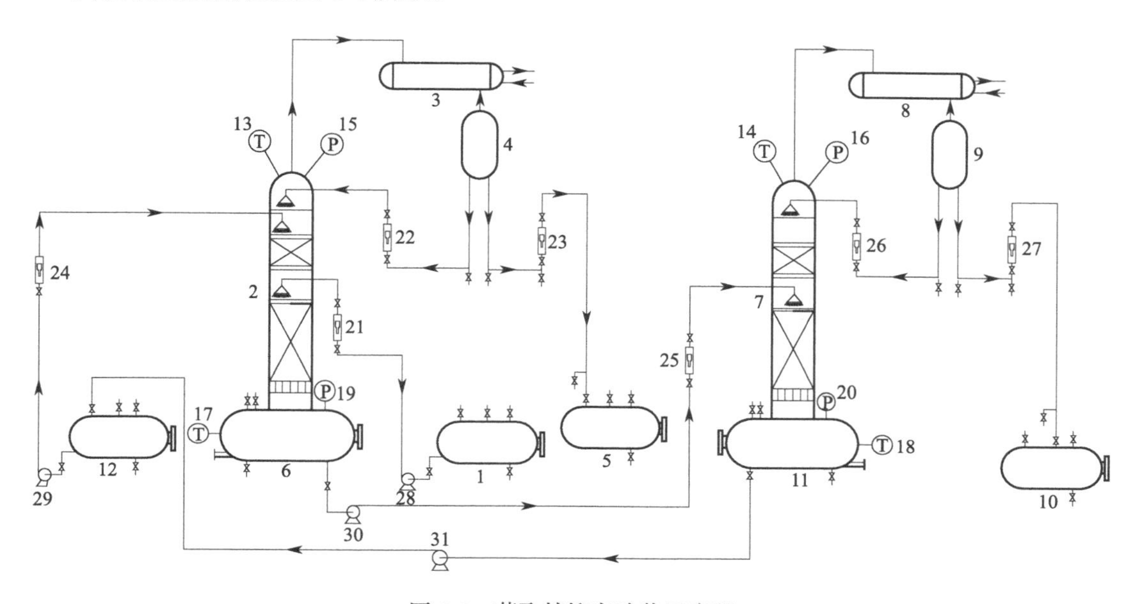

图 3-6　萃取精馏实验装置流程

1—原料罐；2—萃取精馏塔塔体；3，8—冷凝器；4，9—回流罐；5，10—储罐；6，11—塔釜；7—萃取剂回收塔塔体；12—萃取剂罐；13，14—塔顶温度；15，16—塔顶压力；17，18—塔釜温度；19，20—塔釜压力；21～27—流量计；28～31—泵

四、实验步骤

1. 检查整套装置管路系统及控制系统是否正常；

2. 配制 95%乙醇溶液，并添加至原料罐 1；

3. 选取乙二醇为萃取剂，并添加至储罐 12；

4. 接通总电源，打开泵，将乙醇溶液与乙二醇分别打入塔内，打开萃取精馏塔塔釜加热开关。注意观察塔顶、塔釜的温度变化。当塔顶温度开始升高时，向塔顶冷凝器通入冷却水。全回流至塔顶、塔底温度基本不变，缓慢采出馏出液至储罐 5，取样进行分析，根据分析结果调整回流比。

5. 萃取精馏塔塔釜液体输送至萃取剂回收塔，打开萃取剂回收塔塔釜加热开关。注意观察塔顶、塔釜的温度变化。当塔顶温度开始升高时，向塔顶冷凝器通入冷却水。全回流至塔顶、塔底温度基本不变，缓慢采出馏出液至储罐 10，取样进行分析，根据分析结果调整回流比。

6. 打开泵将萃取剂回收塔塔釜液体输送至储罐12，重复利用萃取剂。

7. 待两塔运行稳定后，记录两塔塔顶塔釜的温度与压力、管路流量以及产品纯度。

8. 关掉电源，一切恢复原来状态，待塔内没有回流时将冷却水关闭。

五、实验报告

根据记录的实验数据，绘制萃取精馏工艺流程示意图并标明稳定运行时的温度、压力、回流比与流量等数据。

六、思考题

1. 增加或减小回流比分别会对塔顶产品纯度产生什么影响？

2. 塔顶温度与塔顶组分纯度有什么关系？

3. 塔顶产品采出量如何确定？

七、注意事项

1. 开车前及整个过程中，时刻注意管路封闭性，必要时须切断加热电源。

2. 运行中必须保证足够的冷却水。

3. 精馏塔温度的控制应谨慎，加热调节应微调，给予充足的平衡时间。

实验五　填料塔吸收脱吸综合实验

一、实验目的

1. 熟悉填料吸收塔及脱吸塔的流程及构造。

2. 观察填料塔内气液两相流动情况和液泛现象。

3. 测定干、湿填料层压降，在双对数坐标纸上标绘出空塔气速与湿填料层压降的关系曲线。

4. 测定在一定条件下，用水吸收空气-氨混合气中氨的吸收系数。

5. 测定在一定条件下，用空气脱吸氨溶液的脱吸系数。

二、实验原理

1. 填料塔的流体力学特性

填料塔的流体力学特性包括压降规律和液泛规律两个方面：计算吸收塔动力时，需要知道压降的大小；而确定吸收塔的气液则需要了解液泛规律。因此测定填料塔的流体力学特性是吸收实验的一项重要内容。

气体通过填料塔时，由于存在局部阻力及摩擦阻力而产生压力降。无液体喷淋时，气体的压力降仅与气体的流速有关，在双对数坐标纸上压力降与空塔速度的关系为一直线；当塔内有液体喷淋时，气体通过填料塔的压力降不但与气体流速有关而且与液体的喷淋密度有关。在一定的喷淋密度下随气速增大，出现载点和泛点。载点、泛点之后，Δp-u 线斜率比干填料时大为增加。

2. 吸收系数的测定原理

反映吸收设备性能的主要参数是吸收系数，影响吸收系数的因素很多，如气体流速、液体喷淋密度、温度、填料的自由体积、比表面积以及气液两相的物化性质等。

吸收实验是用水吸收空气-氨气混合气体中的氨。氨气为易溶气体，所以此吸收操作属气膜控制。随着气速增大，吸收系数增大，但继续增大气速至某一数值，将出现液泛现象，此时塔的正常操作被破坏。

本实验所用的混合气中，氨气浓度很低，吸收所得的溶液浓度也不高。气液两相的平衡关系可认为符合亨利定律：

$$Y^{*}=mX \tag{3-23}$$

吸收过程的传质速度方程：

$$N_{\mathrm{A}}=K_{Y}aV_{填}\Delta Y_{\mathrm{m}} \tag{3-24}$$

吸收过程的物料衡算式：

$$N_{\mathrm{A}}=V(Y_{1}-Y_{2}) \tag{3-25}$$

填料层的体积：

$$V_{填}=\Omega Z \tag{3-26}$$

$$Y_{1}=\frac{V_{\mathrm{NH_3}}^{0}}{V_{空气}^{0}};\ Y_{2}=\frac{(VN)_{\mathrm{HCl}}}{V_{空气}\left(\frac{273.15}{T_{1}}\right)/22.4}$$

式中 N_{A}——氨的吸收量，kmol/s；

$V_{填}$——填料层的体积，m^3；

Ω——填料塔截面积，m^2；

Z——填料层的高度，m；

V——空气流量，kmol/s；

m——相平衡常数；

$K_{Y}a$——以气相摩尔浓度差为推动力的总体积吸收系数，kmol/(m^3·s)；

ΔY_{m}——塔顶与塔底两截面上吸收推动力对数平均值，称为对数平均推动力；

Y_1——吸收塔底气相浓度，kmol NH_3/kmol 空气；

Y_2——吸收塔顶气相浓度，kmol NH_3/kmol 空气；

$V_{空气}$——通过湿式流量计的空气体积，L；

T_1——空气的热力学温度，K。

$$\Delta Y_{\mathrm{m}}=\frac{(Y-Y^{*})_{1}-(Y-Y^{*})_{2}}{\ln\frac{(Y-Y^{*})_{1}}{(Y-Y^{*})_{2}}} \tag{3-27}$$

由式(3-24) 和式(3-25) 得到：

$$K_{Y}a=\frac{V(Y_{1}-Y_{2})}{\Omega Z\Delta Y_{\mathrm{m}}} \tag{3-28}$$

3. 脱吸系数的测定原理

解吸实验是用空气气提法脱吸前面吸收实验中塔底得到的氨溶液。

脱吸过程的传质速度方程：

$$N_{\mathrm{A}}'=K_{X}aV_{填}\Delta X_{\mathrm{m}} \tag{3-29}$$

脱吸过程的物料衡算式：

$$N'_A = L(X_1 - X_2) \tag{3-30}$$

由式(3-29) 和式(3-30) 得到脱吸塔的体积传质系数：

$$K_X a = \frac{L(X_1 - X_2)}{\Omega Z \Delta X_m} \tag{3-31}$$

式中 L——液体流量，kmol/s；

X_1——脱吸塔顶液相浓度，kmol NH_3/kmol H_2O，即吸收塔底液相浓度；

X_2——脱吸塔底液相浓度，kmol NH_3/kmol H_2O；

$K_X a$——以液相摩尔浓度差为推动力的总体积脱吸系数，kmol/(m^3 · s)；

ΔX_m——脱吸塔顶与脱吸塔底两截面上脱吸推动力对数平均值，称为对数平均推动力。

$$\Delta X_m = \frac{(X_1^* - X_1) - (X_2^* - X_2)}{\ln \dfrac{(X_1^* - X_1)}{(X_2^* - X_2)}} \tag{3-32}$$

三、实验装置及流程

实验装置及流程如图 3-7 所示。

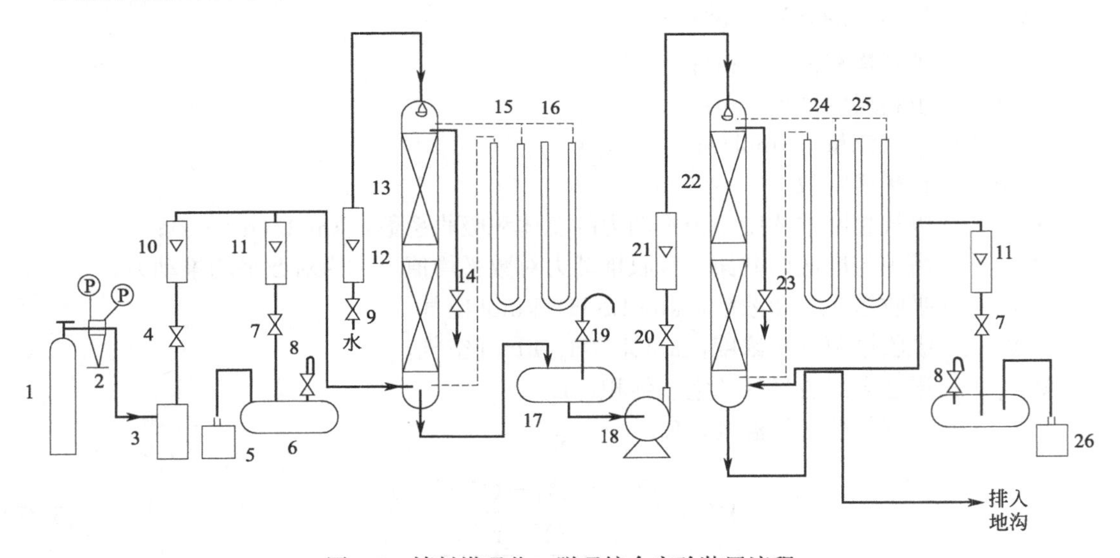

图 3-7 填料塔吸收、脱吸综合实验装置流程

1—氨气钢瓶；2—氨减压阀；3—氨气缓冲罐；4—氨气流量调节阀；5—吸收塔风机；6—空气稳压罐；7—空气流量调节阀；8—旁路阀；9—水流量调节阀；10—氨气转子流量计；11—空气转子流量计；12—水转子流量计；13—吸收塔；14—吸收塔塔顶尾气流量控制阀；15—吸收塔顶底 U 形压差计；16—吸收塔塔顶压力；17—吸收液储罐；18—离心泵；19—平衡阀；20—氨水流量控制阀；21—氨水转子流量计；22—脱吸塔；23—脱吸塔塔顶尾气流量控制阀；24—脱吸塔塔顶底 U 形压差计；25—脱吸塔塔顶压力；26—脱吸塔风机

主要技术数据：塔内径 100mm；填料为不锈钢丝网填料；填料层高度 2m。

四、实验步骤

1. 测定干、湿填料层压降

① 打开仪表开关，启动气泵；

② 调节空气流量 8 次，读取干填料时的塔顶、塔底压力；

③ 开启进水阀，水由塔顶进入塔内，将填料润湿；

④ 当水流量为 60L/h 时，由小到大改变空气流量 6～8 次，直至液泛现象发生，读取湿填料时的塔顶、塔底压力，记录下载点、液泛点时的空气流量。

2. 吸收系数的测定

① 用移液管量取一定量的已知浓度的盐酸溶液，放入吸收盒，加入几滴甲基橙作指示剂，再加蒸馏水至一定位置，连接好管路；

② 开启水流量调节阀，使填料充分润湿，将水流量调节至要求值；

③ 启动气泵，调节空气流量至规定值，调节氨气流量至规定值，待系统稳定后，慢慢打开吸收盒阀门，注意通过吸收盒的气速不宜过快；

④ 待甲基橙的颜色由橙色变为黄色时，实验结束，记录相关数据，洗净吸收盒；

⑤ 实验完毕，先关闭氨气系统，再关水、空气泵。

3. 脱吸系数的测定

① 启动离心泵，将待脱吸氨溶液送入脱吸塔，调节氨溶液转子流量计至要求值；

② 待塔内填料充分润湿后，启动气泵，调节空气流量至规定值；

③ 塔内操作正常，5min 后即可取脱吸塔底脱吸液送分析室分析其浓度；

④ 实验完毕，关闭空气泵、离心泵。

4. 吸收实验要求

① 水的流量 60L/h；

② 空气的流量为 $10m^3/h$ 时，氨气的流量为 320L/h；

③ 空气的流量为 $14m^3/h$ 时，氨气的流量为 460L/h。

五、实验报告

1. 在双对数坐标纸上绘出空气通过干、湿填料层的压降与空塔速度曲线，即$\frac{\Delta p}{Z}$-u 曲线。

2. 计算在不同空塔气速下的吸收系数 K_Ya，进行比较讨论。

3. 计算在不同空塔气速下的脱吸系数 K_Xa，进行比较讨论。

六、思考题

1. 干填料层的$\frac{\Delta p}{Z}$-u 关系与湿填料层的$\frac{\Delta p}{Z}$-u 关系有什么不同?

2. 本实验中怎样才能提高体积吸收系数 K_Ya 的数值?

3. 当气体温度与吸收剂温度不同时，应按哪种温度来查取亨利常数?

4. 填料吸收塔底为什么必须有液封装置，液封装置是如何设计的?

5. 填料塔气液两相的流动特点是什么?

6. 填料塔的液泛与哪些因数有关?

7. 填料的作用是什么?

8. 填料塔的流体力学特性包括哪些?

七、数据表格

见表 3-7。

表 3-7 填料塔的流体力学特性数据

水流量 $L=0$ 时			水流量 $L=$ L/h 时		
气体流量/(m^3/h)	空塔速度 u(m/s)	单位高度阻力降	气体流量/(m^3/h)	空塔速度 u/(m/s)	单位高度阻力降

实验六 干燥速率曲线的测定

第一部分 厢式干燥器干燥速率曲线的测定

一、实验目的

1. 熟悉常压下厢式干燥器的构造与操作。
2. 掌握物料在干燥条件不变时干燥速率曲线（U-X）的测定方法。

二、实验原理

本实验是用不饱和的热空气作为干燥介质去干燥湿物料。即热量由空气传至被干燥的物料，以供应物料中水分汽化所需的热量。物料中的水分以扩散方式进入空气。水分的扩散过程分为两步，首先是由物料内部扩散到物料表面，然后由表面扩散到空气中。开始时，物料的内部水分能迅速达到物料表面，水分的去除速率为物料表面上水分的汽化速率所限制，此阶段称为表面汽化控制阶段。在此阶段内干燥速率不变，又称恒速干燥阶段。当物料中水分逐渐减少，水分不能及时由物料内部扩散到表面，为水分内部扩散速率所控制。此阶段称为内部扩散控制阶段。在此阶段内干燥速率开始不断降低，又称降速阶段。上述开始降速时的物料含水率称临界含水率。

干燥速率是指单位时间内、单位干燥面积上汽化的水分质量。影响干燥速度的因素很多，它与物料及干燥介质的情况都有关系。本实验是在干燥条件——空气的湿度、温度及速度恒定不变下进行的，对于同类的物料，当厚度及形状一定时，干燥速率可用下式计算：

$$u=\frac{-G_c\mathrm{d}X}{S\mathrm{d}\tau}=\frac{-G_c}{S}\left(\frac{\Delta X}{\Delta\tau}\right) \tag{3-33}$$

式中 u——干燥速率，kg/($m^2 \cdot s$)；

G_c——湿物料中绝干物料的质量，kg；

τ——干燥所需时间，s；

S——干燥面积，m^2；

X——湿物料干基含水量，kg 水/kg 绝干物料；

ΔX——时间间隔内干燥汽化的干基含水量，kg 水/kg 绝干物料；

$\Delta\tau$——时间间隔，s。

三、实验装置及流程

实验装置及流程如图 3-8 所示。

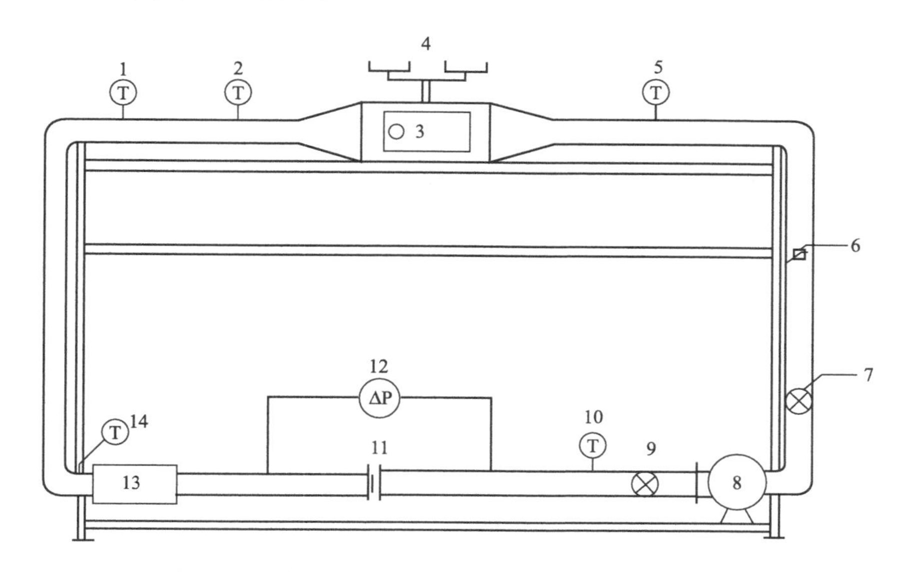

图 3-8　厢式干燥器干燥速率曲线的测定实验装置及流程

1—湿球温度；2—干燥室入口温度；3—干燥室；4—天平；5—干燥室出口温度；6—风速调节阀；7—风机入口片阀；8—风机；9—风机出口片阀；10—风机出口空气温度；11—孔板流量计；12—差压变送器；13—电加热器；14—加热器出口空气温度

四、实验步骤

1. 实验前将试样放入水中浸泡。

2. 往湿球温度计的水槽中加水，开动风机，调节阀门到预定风速，进出口片阀开启一部分，开电加热器，待温度稳定后将试样放在干燥箱的支架上。

3. 立即加砝码使天平接近平衡，但砝码一边稍轻，待水分干燥至天平指针平衡时开动第一个秒表。减去 ΔX 克砝码，待水分再干燥至天平指针平衡时，停第一个秒表，同时立即开动第二个秒表。记下干燥时间，以后再减 ΔX 克砝码，如此往复进行，至试样接近平衡水分为止。

4. 每隔一定的时间，记录下试样的质量，直到试样的质量不变为止；或者根据试样质量的减少，记录下减少一定水分所需的时间，直到试样的质量不变为止。

5. 实验结束，先停电加热器，3min 后再停风机，取出试样。

五、实验报告

1. 根据实验结果作出 u-X 曲线，并注明条件。

2. 实验报告中记录数据有：试样材料、试样尺寸、试样干燥面积、试样绝干质量 G_c、开始时湿试样质量 G_0。

六、思考题

1. 本实验在原来的条件下进行长时间的干燥，最终能否达到绝干物料？

2. 实验过程中为什么风机进出口的片阀要部分开启?

3. 怎样才能保持实验过程中的湿球温度不变?

4. 为什么在实验操作中要先开风机送气,然后再通电加热?

5. 使用废气循环对干燥有什么好处?干燥热敏性物料或易变形、开裂的物料为什么多使用废气循环?

6. 物料的干燥速率与哪些因素有关?

7. 测定干燥速率曲线有什么意义?

8. 干燥实验操作中应注意哪些事项?

9. 为什么说干燥过程是一个传热和传质同时进行的过程?

10. 用图表示平衡水分、自由水分、非结合水分与结合水分之间的关系。

七、注意事项

1. 待干燥条件处于恒定状态下,再将试样放置支架上。

2. 试样放置要轻放轻取,以免损坏天平。

第二部分　流化床干燥速率曲线的测定

一、实验目的

1. 掌握流化床干燥器的流程及其操作。

2. 学会干燥速率曲线的测定。

3. 理解物料含水量的测定方法。

二、实验原理

1. 干燥原理

利用加热的方法使水分或其他的溶剂从湿物料中汽化,除去固物料中湿分的操作。干燥的目的是使物料便于运输、贮藏、保质和加工利用。本实验的干燥过程为对流干燥,属传热传质同时发生的过程。

传热过程:热气流将热能传至物料,再由表面传至物料的内部。

传质过程:水分从物料内部以液态或气态扩散透过物料层而达到表面,再通过物料表面的气膜扩散到热气流的主体。由此可见,干燥操作具有热质同时传递的特征。为了使水汽离开物料表面,热气流中的水汽分压应小于物料表面的水汽分压。

2. 干燥速率曲线测定的意义

对于设计型问题而言,已知生产条件要求每小时必须除去若干千克水,若先已知干燥速率,即可确定干燥面积,大致估计设备的大小;对操作型问题而言,已知干燥面积,湿物料在干燥器内停留时间一定,若先已知干燥速率,即可确定除掉了多少千克水;对于节能问题而言,干燥时间越长,不一定物料越干燥,物料存在着平衡含水率,能量的合理利用是降低成本的关键,以上三方面均须先已知干燥速率。因此学会测定干燥速率曲线的方法具有重要意义。

3. 干燥速率曲线测定

干燥速率是指单位时间,单位干燥面积上汽化的水质量,即:

$$u=\frac{-\mathrm{d}W}{S\mathrm{d}\tau}=\frac{G_{\mathrm{c}}(X_1-X_2)}{S\tau} \tag{3-34}$$

式中　u——干燥速率，$kg/(m^2 \cdot s)$；

S——干燥面积，m^2；

W——一批操作中汽化的水分量，kg；

τ——干燥时间，s；

G_c——一批操作中绝干物料的质量，kg；

X_1，X_2——湿物料干基含水率，kg 水/kg 绝干物料。

三、实验装置及流程

实验装置及流程如图 3-9 所示。

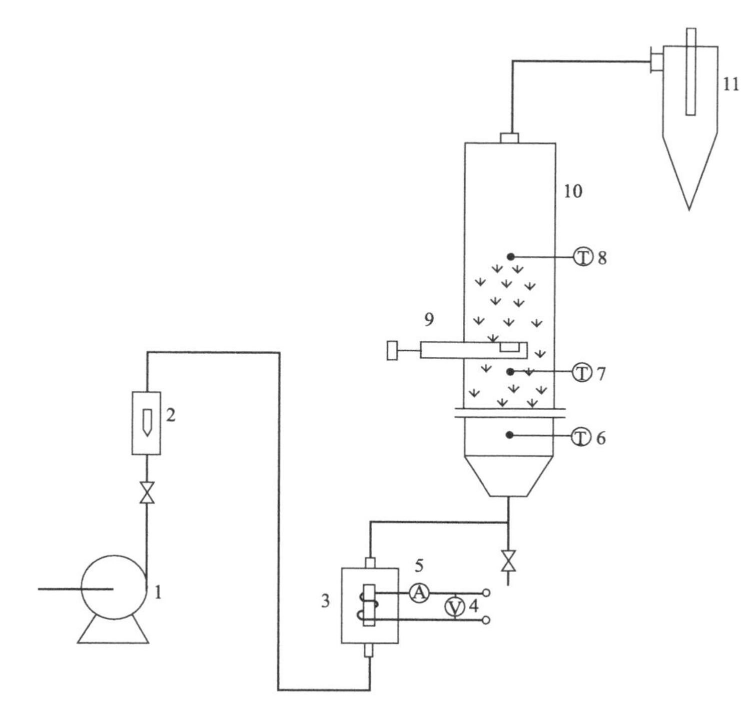

图 3-9　流化床干燥速率曲线的测定实验装置及流程

1—风机；2—气体流量计；3—加热器；4—电压表；5—电流表；
6—热空气进口温度传感器；7—床层温度传感器；
8—床层上方温度传感器；9—取样器；
10—气体干燥器；11—旋风分离器

四、实验步骤

1. 从加水口加入 220～250mL 水，系统同时通入常温空气，使加入的水充分均匀地分散在硅胶表面（这一步由教师完成）。

2. 接通总电源，先开微型气泵，然后调节空气流量到 14～16m^3/h 任一恒定值。

3. 打开电加热器，调节变压器电压至 120～150V，打开进入系统的空气阀门。

4. 仔细观察进口温度与床层温度的变化，待床层温度升至 40℃，即开始取第一个样品，记录相关数据，并称重。

5. 维持热空气进口温度不变，按照先密后疏的布点原则，依次取多个样品，记录相关数据，并称重。

6. 实验结束时，先关电加热，再停风机。

五、实验报告

在普通坐标纸上绘出干燥速率曲线（u-X 图）。

六、思考题

1. 气泵开车应如何进行？怎样调节空气的流量？
2. 在恒定干燥条件下，湿物料的颗粒大小对干燥速率有何影响？
3. 如何提高床层的稳定性以提高流化效果？

七、注意事项

1. 实验前硅胶表面的水分要均匀湿润。
2. 观察流化床的波动状态，仔细记录空气进口温度与床层温度的变化。
3. 严格调节好空气进口温度，使之维持恒定不变，这是本实验的关键。
4. 掌握先密后疏的布点原则采取样品。
5. 样品称重要敏捷、准确。

第四章　化工原理设计实验

实验七　管路设计与安装实验

一、实验目的

1. 综合运用流体流动过程的基本原理及流体在管内的流动规律，结合实验室给定的实验材料，设计并组装一套实验装置，能够完成“孔板流量计的校核”和“突然扩大、突然缩小局部阻力系数的测定”两个实验项目。

2. 学习简单管路的组装与拆除等操作技能。

3. 掌握孔板流量计、转子流量计在管路中的正确安装方法。

4. 熟悉压差测量的不同方式方法。

5. 学会扳手、管钳等常用工具的使用方法。

二、实验原理

1. 孔板流量计孔流系数的测定

孔板流量计是化工厂及实验室用来测量管路流体流量常见的流量计之一。设计一水平管道，在管道中安装孔板流量计，选取流量计上、下游截面，根据伯努利方程和连续性方程，可推导出孔板流量的计算公式：

$$V_s = C_0 A_0 \sqrt{\frac{2\Delta p}{\rho}} \tag{4-1}$$

式中，C_0 为孔流系数；V_s 为体积流量，m^3/s；A_0 为孔口面积，m^2；Δp 为孔板压差，Pa；ρ 为被测流体的密度，kg/m^3。

孔流系数的数值，往往要受到流量计本身的结构和加工精度，以及流体性质、温度、压力等因素的影响，因此在使用这类流量计时，往往需对流量计进行校核，即测定不同流量下的孔板压差，直接绘成曲线，或求得 C_0 与 Re 之间的关系曲线。

2. 突然扩大、突然缩小局部阻力系数的测定

各种工业管道都安装一些阀门、弯头、三通等配件，用以控制和调节管内的流体流动。流体流经这类配件时，其流速大小和方向都发生了变化，由此产生的能量损失称为局部损失，习惯也称局部阻力。局部阻力有四种类型：涡流损失、加速损失、转向损失和撞击损失。

在图 4-1 中 1-1′与 2-2′截面之间列伯努利方程

$$gz_1 + \frac{p_1}{\rho} + \frac{u_1^2}{2} = gz_2 + \frac{p_2}{\rho} + \frac{u_2^2}{2} + h_f' \tag{4-2}$$

其中 $z_1 = z_2$

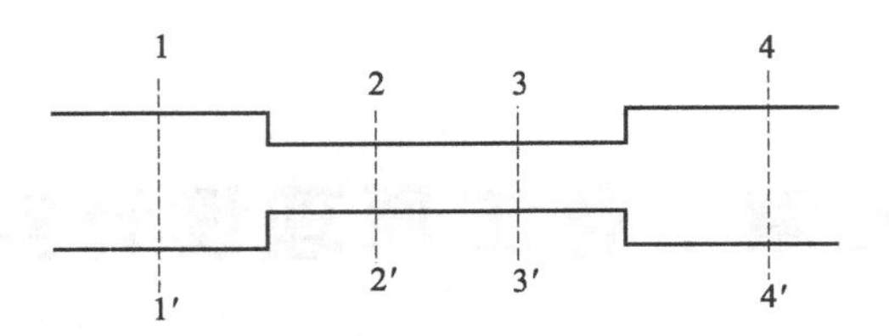

图 4-1 突然缩小、突然扩大示意

由流体静力学方程得到

$$p_1 - p_2 = (\rho_A - \rho) g R_1 \tag{4-3}$$

局部阻力损失可用下式表示

$$h'_f = \zeta_1 \frac{u_2^2}{2} \tag{4-4}$$

联立式(4-2)、式(4-3) 和式(4-4)，可得到突然缩小的局部阻力系数：

$$\zeta_1 = \frac{2}{u_2^2}\left[\frac{(\rho_A - \rho) g R_1}{\rho} + \frac{u_1^2 - u_2^2}{2}\right] \tag{4-5}$$

同理，突然扩大的局部阻力系数：

$$\zeta_2 = \frac{2}{u_3^2}\left[\frac{(\rho - \rho_A) g R_2}{\rho} + \frac{u_3^2 - u_4^2}{2}\right] \tag{4-6}$$

式中，ρ_A 为指示液的密度，kg/m^3；ρ 为水的密度，kg/m^3；u 为水的流速，m/s；R 为指示液高度差，m。

三、实验内容

1. 孔板流量计校核

(1) 测取孔板流量计的孔流系数 C_0；

(2) 在半对数坐标纸上作出孔流系数 C_0 与雷诺数 Re 之间的关系曲线。

2. 突然扩大、突然缩小局部阻力系数的测定

(1) 测取突然扩大局部阻力系数；

(2) 测取突然缩小局部阻力系数。

四、实验要求

1. 确定实验方案。画出实验装置流程图，制定实验步骤，列出原始数据表格。
2. 列出所需要的实验材料清单。

五、思考题

1. 孔流系数与哪些因素有关?
2. 实验测定的孔板流量计的孔流系数 C_0 是否与标准值相一致?
3. 常见的管路连接方式有哪几种?
4. 常见的流量计有哪几种?
5. 在“突然扩大、突然缩小局部阻力系数的测定”实验中，若出口阀未关闭而启动离

心泵，可能会发生哪些现象？

实验八 精馏设计实验

一、实验目的

1. 熟悉筛板式精馏塔的结构和精馏工艺流程；

2. 掌握筛板式精馏塔的基本操作过程及操作要点；

3. 采用连续精馏方法，完成给定浓度的乙醇-水混合溶液的分离任务。

二、实验内容

1. 采用常压连续精馏方法，分离原料液组成约25%（乙醇质量分数，本实验下同）的乙醇-水混合溶液。要求进料量6L/h，塔顶馏出液产品浓度不低于90%，产量300mL，塔釜残液组成不大于3%，釜内残液量与开始实验前液位基本持平。

2. 维持料液进料量6L/h不变，调节各参数，得到最大可能的塔顶馏出液浓度及对应的回流比。

3. 将料液原进料量提高一倍，观察塔内发生的现象，并测定此时塔顶、塔釜组成变化。

4. 原料液组成和进料量不变，改变进料位置，测定此时塔顶、塔釜组成变化。

三、实验要求

1. 确定实验方案，计算出操作回流比、塔顶出料量及塔釜热负荷等操作参数。

2. 测定连续精馏操作时的总塔效率。

四、实验报告

1. 简述连续精馏操作原理。

2. 记录全部实验操作过程，包括每一步操作、仪表显示数值、实验中发生的现象、实验中出现的问题及解决办法等。

3. 图解法求出连续精馏操作时的理论板数，并计算全塔效率。

4. 分析进料量增加及进料位置改变对塔顶、塔釜组成的影响。

五、思考题

1. 如何快速实现稳定的全回流操作？

2. 精馏操作实验过程中，塔内可能会出现哪些不正常的操作现象？

3. 何时开启塔顶冷凝器的冷却水较好？

4. 塔顶冷凝器的冷却水流量太大，对实验操作及实验结果会有怎样的影响？

5. 如果增大回流比，其他操作条件不变，塔顶、塔底组成如何变化？

6. 实验操作过程中，如果塔顶采出量较大而导致塔顶馏出液产品不合格，怎样快速恢复塔的正常操作？

7. 实验操作过程中，进料状况采用冷进料，对精馏塔操作有什么影响？

8. 实验操作过程中，如果进料量突然增大，塔顶、塔底组成如何变化？

9. 在精馏实验中，某同学测得塔顶馏出液中乙醇浓度摩尔分数为0.92，请分析此数值是否正确？

第五章　化工原理演示与选做实验

实验九　伯努利方程实验

一、实验目的

1. 熟悉流体在流动过程中各种能量（压头）的概念及其相互间的转换关系，掌握伯努利方程及其应用。

2. 测量不同情况下的压头，并作比较。

3. 测定管中水的平均流速和不同点处的点速度，并作比较。

二、实验原理

流体在流动时具有三种机械能，即位能、动能、压力能。这三种能量是可以相互转换的。当管路条件改变时（如位置高低、管径大小），它们便会自动转化。如果是黏度为零的理想流体，因为不存在因摩擦和碰撞而产生机械能的损失，同一管路的任何两个截面上，尽管三种机械能彼此不一定相等，但三种机械能的总和是相等的。

对实际流体来说，因为存在内摩擦，流动过程中总有一部分机械能因摩擦和碰撞而消失，即转化为热能。而转化为热能的机械能，在管路中是不可恢复的，这样，对实际流体来说，两个截面上的机械能的总和也是不等的，两者的差额就是流体在这两个截面之间因摩擦和碰撞转化为热能形式的机械能。因此在进行机械能的衡算时，就必须将这部分消失的机械能加到第二个截面上去，其和才等于流体在第一个截面的机械能总和。

上述几种机械能可以用测压管中的一段流体柱高度来表示。在流体力学中，把表示各种机械能的流体柱高度称之为“压头”。表示位能，称为位压头 $H_{位}$；表示动能的，称为动压头 $H_{动}$；表示压力能的，称为静压头（或压强压头）$H_{静}$；表示已消失的机械能的，称为损失压头（或摩擦压头）$H_{损}$。

当测压管上的小孔（即测压孔的中心线）与水流方向垂直时测压管内液位高度（从测压孔算起）即为静压头，它反映测压点处液体的压强大小。

测压孔处液体的位压头则由测压管的几何高度决定。

当测压孔由上述方位转为正对水流方向上时，测压管内液位将因此上升，所增加的液位高度，即为测压孔处液体的动压头，它反映出该点水流动能大小。这时测压管内液位总高度则为静压头与动压头之和。

任何两个截面上位压头、动压头、静压头三者总和之差即为损失压头，它表示液体流经这两个截面之间的机械能的消失。

三、实验装置及流程

实验装置及流程如图 5-1 所示。

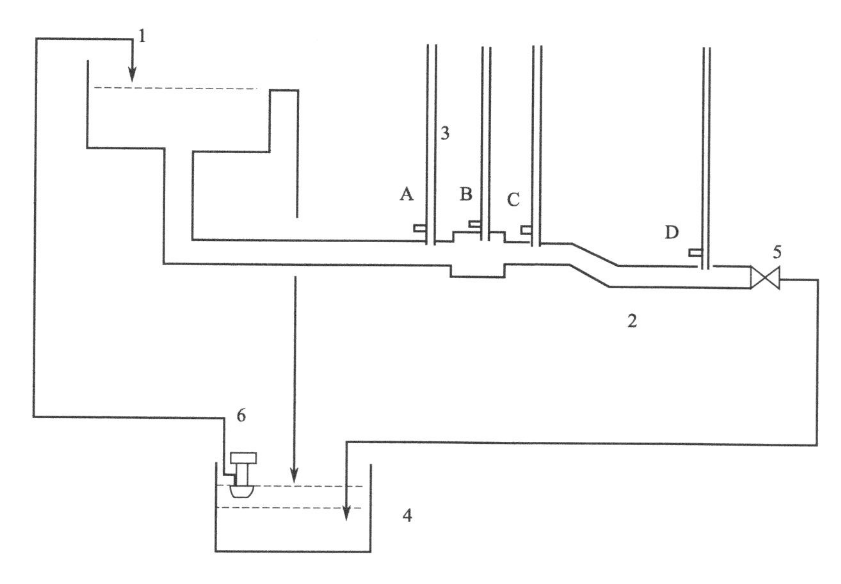

图 5-1　伯努利方程实验装置及流程

1—高位水槽；2—玻璃管；3—测压管；4—循环水槽；5—管路流量调节阀；6—循环水泵

四、实验步骤

1. 关闭管路流量调节阀，开动循环水泵。

2. 待高位槽有水溢流时，旋转测压管，观察并记录测压管中的液位高度 H。

3. 打开管路流量调节阀，改变管路流量大小，用量筒、秒表测定管路的体积流量（测三次，取平均值）。将测压孔转至正对水流方向，观察并记录各测压管液位高度 H'，将测压孔转至与水流垂直方向，观察并记录各测压管液位高度 H''。

五、实验报告

分析沿流动方向各测压点能量的变化情况。

六、思考题

1. 关闭阀 5 时，旋转各测压管的手柄，液位高度有无变化？这一现象说明什么？这一高度的物理意义又是什么？

2. 关闭阀 5 时，各测压管内液位高度是否相同，为什么？

3. 本实验如何观察静压头，点 D 的静压头为什么比点 C 的大？

4. 阀 5 开度一定时，转动测压手柄，各测压管内液位高度有何变化？变化的液位表示什么？

5. 同上题条件，A、C 两点及 B、C 两点有液位变化是否相同，为什么？

6. 同上题条件，为什么可能出现 B 点液位高于 A 点液位？

7. 阀 5 开度不变，且各测压孔方向相同，A 点液位高度 h，与 C 点液位高度 h'之差表示什么？

8. 测压孔与轴线垂直或平行时同一测压点有何变化？

七、注意事项

循环泵启动时先启动 1～2 次，若运转正常则可启动，否则应予检修。

实验十　边界层分离实验

一、实验目的

观察流体绕流不同形状的物体时所产生的边界层分离现象。

二、实验原理

边界层：当一个流速均匀的流体与一个固体界面接触时，由于壁面的阻滞，与壁面直接接触的流体其速度立即降为零。如果流体不存在黏性，那么第二层流体仍按原速度向前流动，实际上由于流体黏性的作用，近壁面流体将相继受阻而降速。随着流体沿壁向前流动，流速受影响的区域逐渐扩大。通常定义，流速降为未受边壁影响流速的 0.99 倍以下的区域为边界层。简言之，边界层是边界影响所及的区域。

三、实验装置及流程

实验装置及流程如图 5-2 所示。启动离心水泵，调节水流量调节阀，水流经文丘里管时，空气从文丘里管缩口被带入，带气泡的水经流道形成流线，流经型板槽最后回到水箱。

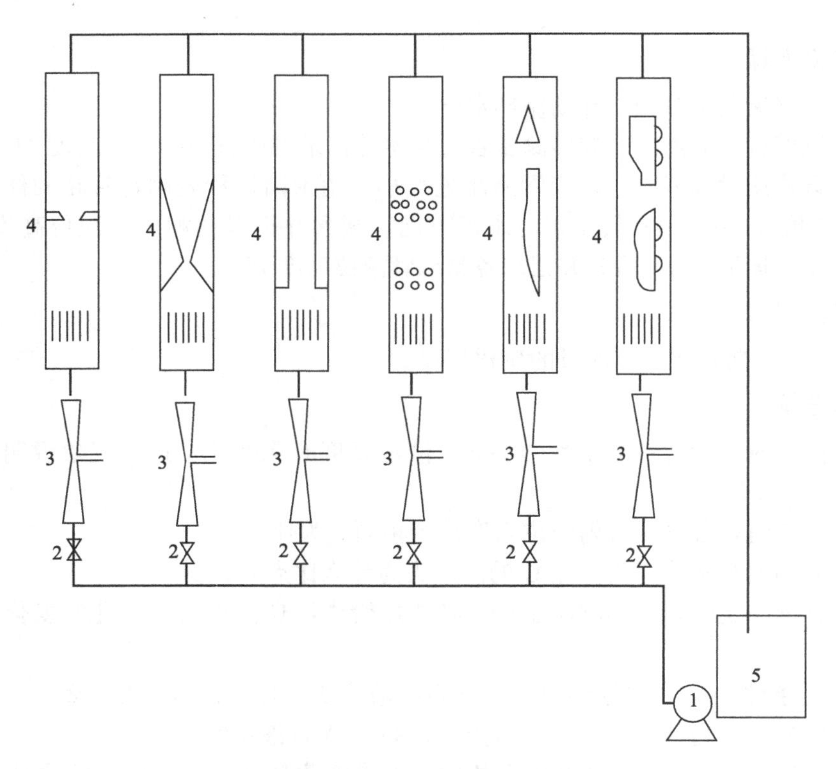

图 5-2　边界层分离演示实验装置及流程

1—离心泵；2—水流量调节阀；3—文丘里管；4—型板；5—水箱

四、实验步骤

启动循环水泵，缓慢打开出水阀，依据流线情况调节流量。

五、实验报告

比较不同模型边界层分离情况并作出分析。

六、注意事项

1. 循环泵启动时应注意其是否正常运行。

2. 出口阀调节时不宜突然开得太大，以免损坏模板。

实验十一　雷诺数演示实验

一、实验目的

1. 了解不同流型时管中流速分布及流体质点运动现象。

2. 测定管内 Re 及其与流型的联系。

二、实验任务

1. 先做演示实验，观察三种现象：①层流；②湍流；③层流时流速分布曲线的形成。

2. 维持高位槽液面稳定的情况下，测定不同流型的特征数。

3. 测取管中水流从层流转变为湍流时的 Re 临界值，比较分析下面两种情况下的实验结果：

① 停止水注入水槽以保持液面平静（但随着槽中的水由管流出，液面高度有所下降）。

② 保持液面高度不变（在水槽排水的同时不断注入水槽中，在此情况下，液面有扰动）。

三、实验装置及流程

实验装置及流程如图 5-3 所示，图中大槽为高位水槽，实验时水由上进入玻璃管（玻璃管系供观察流体的型态和管内流速分布之用）。槽内之水由自来水管供应，水量由进水阀控制，槽内设有进水稳流装置及溢流槽用以维持平稳而又恒定的液面，多余之水由溢水管排入水沟。

实验时打开出水流量调节阀，水即由高位水槽流入玻璃管，经转子流量计后排入排水管。可用出水流量调节阀调节水量，流量由转子流量计测出。

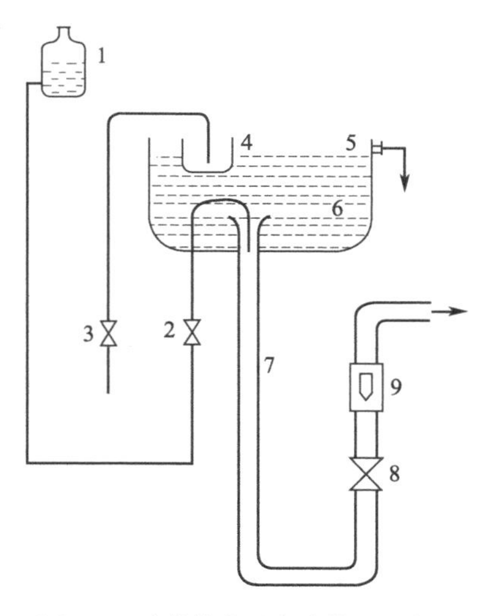

图 5-3　雷诺数演示实验装置及流程

1—高位墨水瓶；2—墨水调节阀；3—进水阀；4—进水稳流装置；5—溢流口；6—高位水槽；7—玻璃管；8—出水流量调节阀；9—转子流量计

四、注意事项

1. 实验应在相对安静的条件下进行，周围不得有干扰。

2. 进水阀不宜开得太大，以减少干扰。

五、思考题

1. 雷诺数的物理意义是什么？

2. 影响流体流型的因素有哪些？如何判断层流或者湍流？如果雷诺数在 2000 与 4000 之间，属于什么流型？

3. 有人说可以只用流体的流速来判断管中流体的流型，当流速低于某一数值时是层流，否则是湍流，你认为这种看法对否？在什么条件下可以只用流速来判断流体的流型？

4. 影响流体流型的因素有哪些？

实验十二　过滤实验

一、实验目的

1. 熟悉板框压滤机的构造。

2. 学习在恒压条件下过滤常数的测定方法。

二、实验原理

在过滤过程中，由于固体颗粒不断地被截留在介质表面上，滤饼厚度增加，流体流过固体颗粒之间的孔道加长，而使流体阻力增加，故恒压过滤时，过滤速率逐渐下降。随着过滤进行，若得到相同的滤液量，则过滤时间增加。

当滤饼阻力和介质阻力都考虑时，恒压过滤方程为

$$(q+q_e)^2=K(\theta+\theta_e) \tag{5-1}$$

式中　q——单位过滤面积获得的滤液体积，$q=\frac{V}{A}$，m^3/m^2；

θ——实际过滤时间，s；

q_e——通过单位面积的虚拟滤液体积，m^3/m^2；

θ_e——得到 q_e 时的虚拟过滤时间，s；

K——过滤常数，m^2/s。

将式(5-1) 进行微分，可得

$$\frac{\Delta\theta}{\Delta q}=\frac{2}{K}q+\frac{2}{K}q_e \tag{5-2}$$

此式为一直线方程。

在恒压下对悬浮液进行过滤，测得不同时间 θ 及滤液累积量 q 的数值，然后计算出一系列的 $\Delta\theta$ 与 Δq 的对应值，在普通坐标纸上作出 $\Delta\theta/\Delta q$-q 关系直线，直线斜率 $2/K$。可求出 K，由截距求出 q_e。

将 $q=0$，$\theta=0$ 代入恒压过滤方程式(5-1) 中得

$$q_e^2=K\theta_e \tag{5-3}$$

由此式可求 θ_e。

若要确定滤饼的压缩性指数 s，可采取四个以上的不同过滤压力进行实验，得出相应的 K。

由式 $K=\frac{2\Delta p^{1-s}}{\mu c' r'_0}$ (5-4)

令 $k=\frac{1}{\mu c' r'_0}$

则 $K=2k\Delta p^{1-s}$ (5-5)

式中　r'_0——单位压力下滤渣比阻，m/kg；

c'——滤渣固体物质量与滤液体积的比，kg/m^3；

μ——滤液黏度，$N \cdot S/m^2$；

Δp——过滤压力，N/m^2（表压）；

K——物料特性常数，对一定的物料为定值。

对式(5-5) 等号两侧取对数

$$\lg K = \lg 2k + (1-s)\lg \Delta p \tag{5-6}$$

K 与 Δp 的关系在对数坐标纸上为直线关系，直线的斜率为 $1-s$，由此可得滤饼的压缩性指数 s。

注：A 为 10 块板总面积，$d=13.1\text{cm}$，$A=\frac{\pi d^2}{4}\times 10=0.135\text{m}^2$；$V$ 为累积量，q 为 0.8L，$\Delta\theta$ 为时间差。

三、实验装置及流程

实验装置及流程如图 5-4 所示。

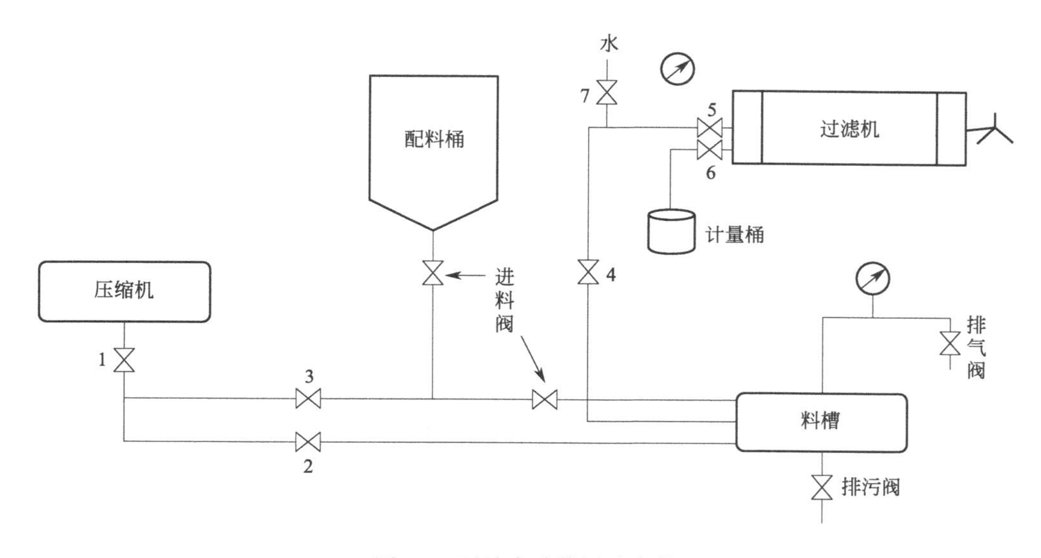

图 5-4　过滤实验装置及流程

四、实验步骤

1. 用塑料烧杯量取 8L 水，倒入桶内，称取 400g 轻质碳酸钙，搅拌均匀，配制成 5%左右的悬浮液。

2. 将滤布润湿，放在滤板两侧（双号），粗糙面贴在滤板上，光滑面朝外，按序号装好滤板、滤框并压紧。检查装置，确定所有阀门都是关闭状态。

3. 在压力料槽排气阀打开的情况下，打开进料阀门，令料浆自动流入料槽内，关闭进料阀、排气阀。

4. 打开压缩机，同时开压缩机阀门 1、2（阀门 2 不宜开得过大)，向压力料槽内通压缩空气，不断搅拌料浆，调节排气阀排气，但不能有料浆喷出。

5. 调节压缩机阀门 2 及排气阀门的相对开度，使料槽的内压力达到需要的值。压力一旦调定后，进气阀门不要再动，压力细调节可通过调节排气阀实现。实验中应有专人负责调节压力恒定。

6. 实验时应从低压开始选取两组实验压力。最大压力不要超过 0.08MPa，一般可在

0.03～0.06MPa 间。

7. 过滤开始时，同时打开阀门 4、5、6。滤液刚从汇集管流入计量桶时开始计时。每次滤液量 V 取 800mL。同时记录相应过滤时间。用塑料烧杯交替接取滤液时，不要溅出，约 7 个读数后，即可停止实验。

8. 每次滤液及滤饼均收集在同一桶中，滤饼细碎后（滤布不能折，用刷子刷净），重新倒入配料桶内，同样步骤开始下个压力试验。

9. 实验全部结束后，关闭压缩机及阀门 1、2、3、5、6，打开排气阀、进料阀，向配料桶中加少量清水冲洗。打开进水阀 7，冲洗料槽，从排污阀中排出。残液倒入收集桶内。关闭所有阀门，清洗地面。

五、实验报告

1. 用最小二乘法，或在普通坐标纸上绘出（$\Delta\theta/\Delta q$-q）图，求出过滤常数 K、q_e 及 θ_e。

2. 列出完整的恒压过滤方程式。

六、思考题

1. 实验数据中的第一点为什么有时可以不记?

2. 滤浆浓度和过滤压力对 K 值、q_e 及 θ_e 各有何影响?

3. 能否用 $\dfrac{\theta}{q}$ 的数值代替 $\dfrac{\Delta\theta}{\Delta q}$ 求出 K 值?

4. 如果在恒压过滤实验中，继续做下去，直至滤液很少时才停止，估计 $\dfrac{\Delta\theta}{\Delta q}$-$q$ 关系有什么变化?

5. 影响过滤速率的因素有哪些?

七、注意事项

1. 滤板、滤框的安装和管路阀门的启闭要注意检查是否正确。

2. 滤布应先湿透。安装时，滤布孔要对准滤机孔道，表面要拉平整，不起皱纹，否则会漏液。

3. 过滤操作时的压力一定维持恒定。

4. 滤浆配置浓度不宜过稀或过浓，一般在 5%左右即可。

5. 实验结束，注意检查水、电、气是否关闭。

实验十三　热管传热实验

一、实验目的

1. 熟悉热管换热器的结构与传热原理。

2. 测定热管换热器热空气与冷空气间的总传热系数。

3. 分析影响热管换热器传热效果的因素。

二、实验原理

热管换热器主要由壳体和热管元件组成。

壳体是一个钢结构件，一侧为热流体通道，另一侧为冷流体通道，中间由管板分隔。壳体的上顶下底设有保温层。顶盖板是可拆卸结构，便于检修和更换热管。

热管管壳为无缝钢管，上、下两端焊有封头，内部灌装有工质。上封头上有一抽气装置，是供热管制作时抽真空使用的。热管受热段和放热段缠绕有翅片，翅片与管壳采用高频焊焊接，焊接紧密牢固，热阻小。受热段与放热段之间有一密封结构，这个结构与管板管孔配合，形成对冷、热流体的有效密封，使它们互不窜漏。在冷凝段外设置夹套管，单排夹套管之间依靠联箱连接，联箱之间通过弯头连接形成循环回路。

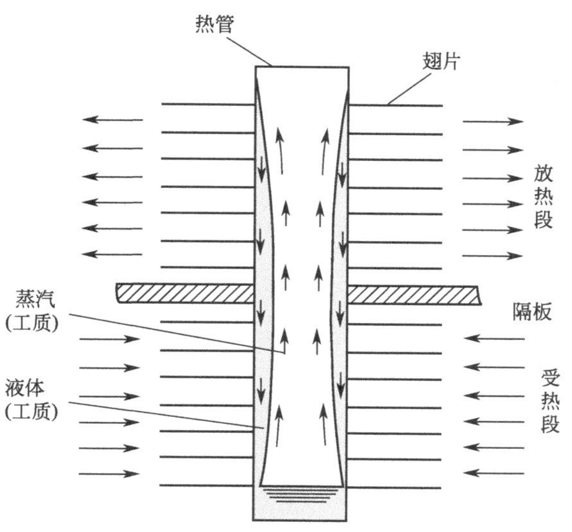

图 5-5　重力热管工作原理

典型的重力热管如图 5-5 所示，在密闭的管内先抽成真空，在此状态下充入适量工质。在热管的下端加热，工质吸收热量汽化为蒸气，在微小的压差下，上升到热管上端，并向外界放出热量，凝结为液体。冷凝液在重力的作用下，沿热管内壁返回到受热段，并再次受热汽化，如此循环往复，连续不断地将热量由一端传向另一端。由于是相变传热，因此热管内热阻很小，所以能以较小的温差获得较大的传热率，且结构简单，具有单向导热的特点，特别是由于热管的特有机理，使冷热流体间的热交换均在管外进行，这就可以方便地进行强化传热。

热管这种传热元件，可以单根使用，也可以组合使用，根据用户现场的条件，配以相应的流通结构组合成各种形式换热器，热管换热器具有传热效率高、阻力损失小、结构紧凑、工作可靠和维护费用少等多种优点，它在空间技术、电子、冶金、动力、石油、化工等各种行业都得到了广泛的应用。

热管是一种具有高传热性能的传热元件，它通过密闭真空管壳内工作介质的相变潜热来传递热量，其传热性能类似于超导体导电性能，因此，它具有传热能力大，传热效率高的特点。

本实验采用热空气-冷空气换热体系，总传热系数可由实验三中式(3-15)、式(3-16)计算。

热管换热器的传热速率，亦即冷空气通过换热器被加热的速率，用实验二中式(3-10) 求得，其中：

$$m_s = V_s \rho_s / 3600$$

式中　V_s——冷空气的体积流量，m^3/h；

ρ_s——进口温度 $t_{进}$ 条件下冷空气的密度，kg/m^3。

三、实验装置及流程

实验装置及流程如图 5-6 所示。

管尺寸：基管 ϕ25mm×2.5mm；套管 ϕ60mm×3mm；翅片厚度 1.2mm；翅片间距 5mm；翅片高度 15mm。

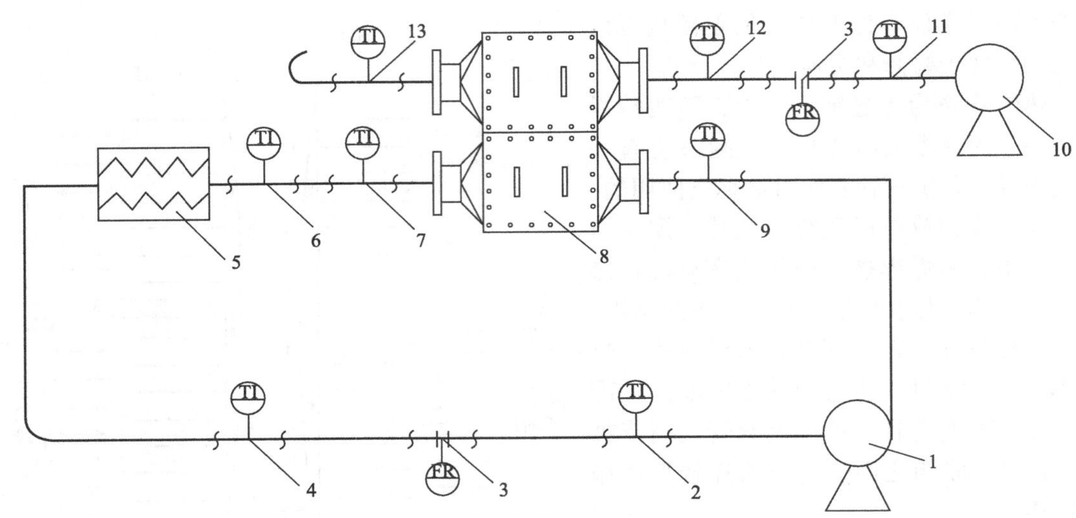

图 5-6 热管传热实验装置及流程

1—热风风机；2—热风流量计入口温度；3—涡轮流量变送器；4—热风流量计出口温度；5—加热器；6—加热器出口温度；7—热空气入口温度；8—热管；9—热空气出口温度；10—冷风风机；11—冷风流量计入口温度；12—冷空气入口温度；13—冷空气出口温度

管长：热侧 1000mm；冷侧 400mm。

排列方式：横向间距 90mm；纵向间距 140mm；8 管排，每排 7/6（错）。

传热面积：$6m^2$。

四、实验步骤

1. 打开仪表柜上电源开关，启动两个风机，调节流量至一定风量。

2. 按下自动调节加热按钮，等到热风温度升到设定温度。

3. 固定热风流量在某一值，调节冷风流量旋钮，改变冷风流量，待各温度稳定后，记录各个点温度和管路空气流量。

4. 改变热风流量在另一值，调节冷风流量旋钮，改变冷风流量，待各温度稳定后，记录各个点温度和管路空气流量。

5. 实验完毕后，按下停止加热按钮，5min 后停风机。关闭总电源。

五、思考题

1. 本实验中，影响热管换热器传热效果的因素有哪些？

2. 热管换热器有哪些优缺点？（可与列管换热器比较说明。）

六、注意事项

1. 实验开始时，要先开风机，然后再加热。

2. 实验完毕后，先停止加热，过几分钟后再停风机。

3. 要等各点温度和流量稳定后再读取数据。

部分思考题参考答案

实验一

1. 可以。λ 值与液体的流量及两测压截面上的压差计读数有关，与管中流体的种类无关。

2. 增加管径，或增大管内水的流量等。

3. 无关。直管摩擦阻力是流体流经直管的能量损失，可利用伯努利方程证明。

4. 流体的流速、黏度、温度、尺寸、形状等。

5. 离心泵启动时，关闭出口阀，管路流量为零，电机消耗功率最小，启动电流最小，以保护电机；离心泵关闭时，关闭出口阀，防止管内液体回流，冲击叶轮，以保护泵。

6. 转速改变，泵的流量、压头及轴功率都会改变。

7. 简单来说，先向泵壳内充满被输送的液体，然后关闭出口阀。

离心泵启动时，若泵内存有空气，由于空气密度很小，旋转后产生的离心力小，因而叶轮中心区所形成的低压不足以吸入液体。

8. 泵启动后，若长时间关闭出口阀门，尽管压力不会上升，因水在泵内不断循环、摩擦、撞击产生热量，特别对高压泵更是如此，泵中水有时会沸腾，因此不允许长时间关闭出口阀门。

9. 泵出口阀门关小时，管路阻力增大，管路特性曲线的斜率增大，泵工作点发生偏移，相对应的流量变小。阀开大时则相反，所以可利用出口阀调节流量，此法简单易行，缺点是消耗一定能量。

10. 略.

11. 当离心泵壳内存有空气，因空气的密度比液体的密度小得多而产生较小的离心力。从而贮槽液面上方与泵吸入口处之压力差不足以将贮槽内液体压入泵内，即离心泵无自吸能力，使离心泵不能输送液体，此种现象称为气缚现象。

叶轮进口处的压力等于或低于输送温度下液体的饱和蒸气压时，液体就会发生气化，体积骤然膨胀，就会扰乱叶轮进口处液体的流动。气泡随液体进入叶轮被压缩，高压使气泡突然凝结消失，周围的液体会以极大的速度补充原来的气泡空间，从而产生很大的局部压力，这种压力不断地冲击叶轮表面，就会导致泵壳和叶轮被损坏。这种现象称为气蚀。“气蚀”发生时，泵体震动，响声加大，泵的流量、压力明显下降。

12. 允许吸上真空高度，指泵入口处可允许达到的最高真空度。泵的允许安装高度是指泵的吸入口与吸入贮槽液面间可允许达到的最大垂直距离。

13. 闸阀、截止阀、球阀、单向底阀。

实验二

1. 因为 K 值的增加与较小 α 值的提高有关，因此应增加内管空气的流量。

2. 壁温应当与 α 值较大一侧流体的温度相接近，所以紫铜管内壁的温度应当与管间蒸汽温度接近。

3. 若蒸汽冷凝一侧的管中有不凝气如空气存在时，将严重影响传热。因为空气 α 的值及 λ 值很小，在冷凝传热表面上形成一层热阻较大的气膜。

4. 接近蒸汽温度。因为传热过程中，蒸汽的传热膜系数远远大于空气的传热膜系数，因此蒸汽侧的热阻远远小于空气侧的热阻，壁温接近蒸汽温度。

5. 管壁温度基本不变。

6. 空气流动速度增大，传热膜系数增大。

7. 压强不是极大的情况下，不会影响对流传热系数。

8. 传热实验中过程的稳定性与蒸汽压力、空气流量和不凝气是否存在等因素有关，因此应保持蒸汽压力、空气流量、进出口温度、壁温的基本稳定。

9. 提高空气流量，定期排放不凝气，改造设备在空气一侧加装翅片等。

10. 风机启动时需全开旁路阀。流量调节需要调节旁路阀和流量调节阀。

11. 结垢、饱和蒸汽中混有不凝气体、饱和水蒸气压力不够、冷凝水不能及时排除等。

实验三

1. 空气的流量对总传热系数影响较大。因为空气侧的对流传热系数远远小于水侧的对流传热系数。

2. 温度升高，水与空气的对流传热系数增大，则总传热系数也增大。

3. 气泵运行过程中，任何时候都禁止将出口阀和旁路阀同时全部关闭。在流量达到的情况下，尽可能将旁路阀开大。

4. 流体的温度改变时，其密度也发生了改变，所以，应该对流量计读数进行校正。

5. 因为水为热流体，其温度较高，热量损失较大。

6. 从实验结果可以看出，水与空气的对流传热系数相差很大，总传热系数受到空气侧对流传热系数的制约，无法得到有效提高，其优势得不到发挥，因此不太适合于液体-空气传热。如果用于两种液体间的换热，两个 α 数值接近，则传热面积大的优势将非常明显。

实验四

1. 精馏塔操作的稳定问题与传质、流体流动和传热过程的稳定有关，是一个比较复杂的问题。要想保证操作稳定，必须做到：①设备进出口物料应保持平衡。即塔进料和塔顶产品流量、塔底产品流量稳定；②回流比一定，保持不变；③再沸器加热电压稳定；④塔顶冷凝器冷却水流量及温度一定；⑤进料热状态稳定。一般判断精馏塔操作达到稳定的方法是看塔顶温度是否稳定。

2. 全回流是指塔顶上升蒸气经冷凝后全部回流至塔内。

全回流操作时，既不向塔内进料，也不从塔内取出产品。达到分离程度所需的理论板数最少，过程易于控制。

全回流操作多用于精馏塔的开工阶段、排除故障或实验研究，对正常的生产无实际意义。

3. 塔釜压力与塔板压力降有关。塔板压力降由气体通过板上孔口或通道时为克服局部阻力和通过板上液层时为克服该液层的静压力而引起，因而塔板压力降与气体流量（即塔内上升蒸气量）有很大关系。气体流量过大时，会造成过量液沫夹带甚至液泛，此时塔板压力降急剧增大，塔釜压力随之升高，因此塔釜压力可作为调节塔釜加热状况的重要参考依据。

塔釜压力与塔釜温度、流体黏度、进料组成、回流量等有关。

4. 塔釜的加热量主要消耗在釜内部分物料汽化、热损失等。

可采取的措施：①选择适宜的回流比；②回收精馏装置的余热；③对精馏过程进行优化控制，使其在最佳工况下操作。

5. 塔釜加热热负荷过小，塔内会出现漏液现象，混合液达不到分离要求；塔釜加热热负荷过大，会产生液沫夹带现象及液泛，塔内操作被破坏。

6. 冷回流时，回流液在塔顶会将一部分蒸气冷凝下来，相当于增大了回流比，塔顶组成增大，塔釜组成减小。

7. 可适当加大塔釜热负荷，以增大回流比。

8. 因为是冷进料，大量原料液进入塔内升温到泡点需要消耗很多的热量，而导致上升的蒸气被全部冷凝下来。调节方法是减小进料量、对原料液进行预热处理、适当提高塔釜热负荷。

9. 进料温度、进料浓度。

10. 进料位置不能任意选择。根据进料组成和进料热状态参数选择适宜的进料位置。进料位置不当，会影响塔顶、塔底产品组成。

11. 不可以。因为乙醇-水在常压下形成恒沸点，恒沸点处乙醇的质量浓度为95.56%。

12. 气相为分散相，液相为连续相。

实验五

1. 干塔时填料层中孔隙较大，空气通过孔隙的情况与通过直管、管件、阀门的情况相似，随气体流量的增大，压力降逐渐增加，此规律近似湍流时的压降与流速的关系，关系曲线斜率为定值，在双对数坐标中为一直线关系。

湿塔时，气体流动所经过的孔隙通道截面缩小，在同样的空塔气速下，压力降应大于干塔，故曲线应在干塔曲线的左边。气速较小时，液体对上升气体作用不大，其影响与干塔相同；当气速大时，液体下降受阻，塔内出现载液后，气液间摩擦力加大，压降增加很快，气速连续加大达到一定程度，液体下流受阻，气体从填料层中鼓泡出来，压降急剧上升，曲线斜率接近无穷大，即出现液泛。

2. 因为在实验中用水来吸收空气-氨气混合气中的氨，此过程属气膜控制，增大进塔气体的流量可提高吸收系数。

3. 亨利常数与溶液的温度有关。当气体温度与吸收剂温度不同时，在等温吸收中应取二者的平均温度。

4. 防止塔内气体从下面溢出。采用流体静力学原理设计，利用一定高度的液体（即吸收液）产生的压力抵消塔底气体的压力，防止塔内气体从下面溢出。

5. 液体为分散相，气体为连续相。

6. 填料塔的液泛与填料的特性及气液两相的流量、性质等因素有关。

7. 填料的作用是给通过的气液两相提供足够大的接触面积，保证两相充分接触。

8. 持液量、填料层的压强降、液泛、填料的润湿性能等。

实验六

1. 不能。除去无空隙而不溶于水的固体物料外，一般物料在一定的干燥介质中干燥时，当其放出水分与吸收水分速率相等时，物料中所含的水分维持一个定值，即在该状态下物料的平衡水分，不随干燥介质与物料的接触时间加大而发生变化，所以干燥条件不变，即使长时间干燥也不能得到绝干物料。

2. 因为本实验为恒定干燥条件下的干燥实验，即加热介质的温度、湿度、流速皆应保持定值，实际上只能近似保持恒定。若进出口片阀全开时，过程中水汽可以排出，但大量冷空气进入系统，必然使空气温度下降；若完全关闭片阀，则湿空气不能及时排出，空气湿度会增大，同时空气温度也会升高。只有部分开启片阀，才能近似保持空气温度和湿度不变。

3. 为了保持空气的湿球温度不变，就应使干燥气流中的水汽及时排出，保持空气的湿度不变，同时应使循环空气温度不变。部分开启进出口片阀和采取温度自动调节装置，可以保持空气温度和湿度不变。

4. 防止烧坏电加热器。

5. 节约能源，提高热效率，同时有利于维持干燥介质的温度和湿度不变。

使用废气循环可以降低干燥介质的温度及提高干燥介质的湿度，降低干燥速率防止物料经历过高的温度而变质。

6. 固体物料的种类和性质；固体物料的厚度或颗粒大小；干燥空气的温度、湿度和流速；空气与固体物料间的相对运动方式。

7. 干燥是一个传热传质同时进行的复杂过程，目前为止，干燥的计算仍需要以实验为基础。不同的物料有不同的干燥特征，因此就有不同的干燥曲线。通过干燥曲线可以计算干燥过程的时间，这就为干燥器的设计提供了重要依据。

8. 因为实验是在恒定干燥条件下进行的，整个过程中应保持干燥介质空气的温度、湿度、流速不变；被干燥样品应充分吸透水分，否则测出的曲线不完整。

9. 在干燥过程中，干燥介质将热量传给湿物料，物料内部水分向表面扩散，表面水分汽化，并通过表面外的气膜向气流主体扩散，汽化的水分由干燥介质带走，所以干燥介质既是载热体又是载湿体。因此，干燥过程是一个传热和传质相结合的过程。

10. 略。

实验七

1. 孔流系数与雷诺数、取压方法、孔板小孔与管道截面积比有关。

2. 略。

3. 螺纹连接，法兰连接，焊接，热胀接，填料密封挤压等。

4. 转子流量计，孔板流量计、涡轮流量计等。

5. 可能发生的现象：U形管中的指示液被冲走、转子流量计被损坏、离心泵电机被烧毁。

实验八

1. 略。

2. 漏液、液泛、液沫夹带等。

3. 塔顶温度急剧上升时。之前可稍稍开启一点。

4. 回流液温度会较低。塔顶馏出液浓度增大。

5. 塔顶产品组成增大，塔釜残液组成减小。

6. 塔顶停止出料，适当加大进料量，以补充塔内轻组分。待塔顶温度正常后，塔顶可以出料，出料量根据全塔物料衡算得到。

7. 对同样的进料组成来说，进料热状况不同，进料位置也应不同。采用冷进料，塔釜热负荷消耗量增加。

8. 塔顶产品组成减小，塔釜残液组成增大。

9. 不正确。在常压下，乙醇和水会形成恒沸点，恒沸点处乙醇浓度的摩尔分数为0.894，实验结果高于此值不正确。

精馏设计实验参考要点

一、精馏操作实验原理

在板式精馏塔中，塔底上升蒸气流和塔顶回流液体，造成气液两相在塔板上层层接触，多次部分汽化和部分冷凝，进行传热和传质。最终，塔顶得到较纯的轻组分，塔釜得到较纯的重组分，使混合液达到一定程度的分离。

回流比是影响精馏塔分离效果的主要因素，通过改变回流比可以来调节、控制产品的质量。回流比增加，塔内上升蒸气量及下降液体量均增加，塔顶馏出液浓度 x_D 增大，塔釜残液组成 x_W 减小，分离效果好，但精馏操作的能耗也增加。一般情况下，操作回流比可取最小回流比的1.1～2倍。本实验中，进料采用冷液进料，实际回流比要稍大些。

1. 维持精馏塔内的总物料平衡及各组分物料平衡，保证精馏在连续稳定状态下进行。

总物料平衡：

进料量＝塔顶出料量＋塔底出料量，即：$F=D+W$

当 $F>D+W$ 时，塔釜残液组成升高，塔釜内料液越积越多，严重时会导致淹塔。

当 $F<D+W$ 时，塔顶馏出液产品组成下降，塔釜内料液越来越少，严重时会引起塔釜干料。

以上两种情况，都会破坏精馏塔的正常操作，导致产品不合格。

轻组分乙醇保持物料平衡： $Fx_F=Dx_D+Wx_W$

塔顶采出率 $\frac{D}{F}=\frac{x_F-x_W}{x_D-x_W}$

若塔顶采出率过大，即使精馏塔有足够的分离能力，塔顶产品组成也不可能合格。

2. 精馏塔应有足够的分离能力

本实验所用精馏塔的塔板数为15块。要想达到要求的分离效果，精馏操作就需要有足够的回流比。回流比越大，塔顶产品组成越高，但精馏塔的操作费用会增加。

3. 精馏塔操作时，常常出现的不正常现象

在精馏塔操作过程中，塔内常常会出现的不正常现象包括严重的液沫夹带现象、严重的漏液现象、溢流液泛等。在实验室中，由于塔设备较小，更易出现液沫夹带现象和液泛现象。

二、实验操作过程

1. 观察塔釜液位是否在两条红线之间。液位高了，可通过釜残液流量调节阀将部分釜

液引入残液灌内。液位低了，向塔釜补充10%的乙醇-水混合液。

2. 通常情况下，塔顶回流液调节阀（转子流量计自带）是全开的。确认其他各阀门处于关闭状态，启动塔釜加热开关，调节加热电压（或加热功率）至设备允许的最大值。

3. 当釜液沸腾时，此时塔釜温度一般在98℃左右，稍稍开启塔顶冷凝器冷却水控制阀。注意观察塔内发生的现象。

4. 当塔顶温度急剧上升时，调节冷水阀使冷却水量在100～150L/h内。至实验结束，都要经常注意调节冷却水量在此范围内。

5. 待塔顶有冷凝液回流时，降低加热电压至最大值70%左右，进行全回流操作。根据塔顶温度和气液在塔内板上的泡沫接触状态，调节找到适宜加热电压。调节电压时，切忌忽高忽低、频繁调节。因为每一次调节后，塔内气液两相接触状态都需一定时间才能稳定下来。

6. 塔顶温度、塔釜温度其中一个或都不正常时：

① 若塔釜温度正常，塔顶温度偏高，则塔顶浓度达不到要求，说明塔内轻组分乙醇含量偏低，需开泵加料（8L/h）一段时间，以补充塔内轻组分。待塔顶温度正常时，停止加料。稳定10min后，取样分析塔顶浓度是否达到要求。

② 若塔顶温度正常，塔釜温度偏低，则塔釜残液浓度达不到要求，说明塔内轻组分含量偏高，可以适当打开塔顶馏出液流量调节阀，使塔顶出料一段时间，以减少塔内轻组分。待塔釜温度正常时，停止出料。

③ 若塔顶、塔釜温度均偏低，则塔顶、塔釜产品浓度都没达到分离要求，说明当前操作条件下塔的分离能力不够，需要适当增加塔釜热负荷，以增大回流量或回流比来提高塔顶产品浓度。

7. 连续精馏操作

全回流操作稳定15min后，适当提高塔釜加热电压，开泵进料（6L/h），调节塔顶出料量到合适的流量（保证足够的回流比），控制塔釜残液排液量，使塔釜液位基本保持不变。

塔釜液位不超过液位计上规定的上限时，也可暂时不排液。排液时流量不宜太大，塔釜液位不能低于液位计上规定的下限，更不能排空釜液，一旦出现问题，应立即停止加热。

稳定操作15min后，取样分析，用酒精计测量塔顶产品和塔釜残液浓度。

8. 用酒精计测量样品浓度。

用锥形瓶取样100mL，若溶液温度高，可将其放入冷水盆中降温至20～30℃，然后将试样倒入量筒中，取合适量程的酒精计放入量筒中，此时酒精计会悬浮在样品中，读取酒精计示值，同时用温度计测量样品的温度。测完的样品分别倒回原锥形瓶中，或倒入指定的塑料桶中。

根据溶液温度和酒精计示值，查酒精计温度浓度换算表，得到20℃时样品的容量百分数（即体积浓度），再通过体积浓度和质量浓度关系曲线得到样品的质量浓度。

三、实验数据处理

在冷液进料、部分回流条件下，进料热状况参数 q 的计算可采用下式

$$q=\frac{C_{PM}(t_{BP}-t_F)+r_m}{r_m}$$

式中 t_F——冷液进料的温度,℃；

t_{BP}——进料组成条件下的泡点温度,℃，由进料组成 x_F，查物系的 t-x-y 图确定；

C_{PM}——进料液体在平均温度（t_F+t_{BP})/2 下的比热容，kJ/(kmol·℃)；

r_m——进料液体在泡点温度下的汽化热，kJ/(kmol·℃)

$$C_{PM}=C_{P1}M_1x_1+C_{P2}M_2x_2$$

$$r_m=r_1M_1x_1+r_2M_2x_2$$

式中 C_{P1}，C_{P2}——分别为组分 1 和组分 2 在平均温度（t_F+t_{BP})/2 下的比热容，kJ/(kmol·℃)，可查液体比热共线图得到；

r_1，r_2——分别为组分 1 和组分 2 的汽化热，kJ/kg，可查液体汽化热共线图得到；

M_1，M_2——分别为组分 1 和组分 2 的摩尔质量，kg/kmol；

x_1，x_2——分别为组分 1 和组分 2 在原料液中的摩尔分数。

附　　录

附录 1　常压下乙醇-水溶液的气液平衡数据

液相中乙醇的摩尔分数	气相中乙醇的摩尔分数	液相中乙醇的摩尔分数	气相中乙醇的摩尔分数
0.0	0.0	0.45	0.635
0.01	0.11	0.50	0.657
0.02	0.175	0.55	0.678
0.04	0.273	0.60	0.698
0.06	0.340	0.65	0.725
0.08	0.392	0.70	0.755
0.10	0.430	0.75	0.785
0.14	0.482	0.80	0.820
0.18	0.513	0.85	0.855
0.20	0.525	0.894	0.894
0.25	0.551	0.90	0.898
0.30	0.575	0.95	0.942
0.35	0.595	1.0	1.0
0.40	0.614		

附录 2　酒精计温度浓度换算表

溶液温度/℃	酒精计示值									
	100.0	99.0	98.0	97.0	96.0	95.0	94.0	93.0	92.0	91.0
	温度＋20℃时用体积百分数表示酒精浓度									
＋40	96.6	95.3	94.0	92.6	91.6	90.4	89.2	88.0	86.8	85.8
39	.8	.4	.2	.8	.8	.6	.4	.2	87.1	86.1
38	.9	.6	.4	93.0	92.0	.9	.7	.5	.3	.3
37	97.1	.8	.6	.3	.3	91.1	.9	.8	.6	.6
36	.3	96.0	.8	.5	.5	.3	90.2	89.0	.8	.8
35	97.4	96.2	95.0	93.7	92.7	91.6	90.4	89.2	88.1	87.1
34	.6	.3	.2	.9	.9	.8	.6	.5	.2	.4
33	.8	.5	.4	94.1	93.1	92.0	.9	.8	.6	.6
32	98.0	.7	.6	.4	.4	.2	91.1	90.0	.9	.9
31	.1	.9	.8	.6	.6	.5	.4	.2	89.1	88.1
30	98.3	97.1	96.0	94.8	93.8	92.7	91.6	90.5	89.4	88.4
29	.4	.3	.2	95.1	94.0	.9	.8	.8	.7	.6
28	.6	.5	.4	.3	.2	93.1	92.1	91.1	90.0	.9
27	.8	.7	.6	.5	.5	.4	.3	.3	.2	89.2
26	99.0	.9	.8	.8	.7	.6	.6	.5	.5	.4
25	99.2	98.1	97.0	96.0	94.9	93.9	92.8	91.8	90.7	89.7
24	.3	.3	.2	.2	95.1	94.1	93.1	92.0	91.0	90.0
23	.5	.5	.4	.4	.4	.3	.3	.3	.3	.2
22	.7	.6	.6	.6	.6	.6	.5	.5	.5	.5
21	.8	.8	.8	.8	.8	.8	.8	.8	.8	.7

续表

溶液温度/℃	酒精计示值									
	90.0	89.0	88.0	87.0	86.0	85.0	84.0	83.0	82.0	81.0
	温度+20℃时用体积百分数表示酒精浓度									
+40	84.5	83.4	82.3	81.3	80.1	79.1	78.0	76.9	75.9	75.0
39	.8	.7	.6	.6	.4	.4	.3	77.2	76.2	.3
38	85.1	84.0	.9	.9	.7	.7	.6	.5	.5	.6
37	.3	.3	83.2	82.2	81.0	80.0	.9	.8	.8	.9
36	.6	.6	.5	.5	.3	.3	79.2	78.1	77.1	76.2
35	85.9	84.8	83.8	82.8	81.6	80.6	79.5	78.4	77.4	76.5
34	86.2	85.0	84.0	83.0	.9	.9	.8	.7	.8	.8
33	.5	.1	.3	.3	82.2	81.2	80.1	79.1	78.1	77.1
32	.7	.4	.6	.6	.5	.5	.4	.4	.4	.4
31	87.0	.7	.9	.9	.8	.8	.7	.7	.7	.7
30	87.3	86.0	85.2	84.2	83.1	82.1	81.0	80.0	79.0	78.0
29	.6	.3	.6	.4	.4	.4	.3	.3	.3	.3
28	.9	.5	.8	.7	.7	.7	.6	.6	.6	.6
27	88.1	.8	86.1	85.0	84.0	83.0	.9	.9	.9	.9
26	.4	87.1	.3	.3	.3	.3	82.2	81.2	80.2	79.2
25	88.7	87.4	86.6	85.6	84.6	83.6	82.5	81.5	80.5	79.5
24	89.0	.7	.9	.9	.9	.8	.8	.8	.8	.8
23	.2	88.0	87.2	86.2	85.1	84.1	83.1	82.1	81.1	80.1
22	.5	.4	.4	.4	.2	.4	.4	.4	.4	.4
21	.7	.7	.7	.7	.7	.7	.7	.7	.7	.7

溶液温度/℃	酒精计示值									
	10.0	9.0	8.0	7.0	6.0	5.0	4.0	3.0	2.0	1.0
	温度+20℃时用体积百分数表示酒精浓度									
+40	5.8	5.0	4.2	3.4	2.4	1.6	0.8			
39	6.0	.2	.4	.6	.6	.8	1.0			
38	.2	.4	.6	.8	.8	.9	.1	0.1		
37	.4	.6	.8	.9	.9	2.1	.3	.3		
36	.6	.8	5.0	4.1	3.1	.3	.4	.4		
35	6.8	6.0	5.2	4.3	3.3	2.4	1.6	0.6		
34	7.1	.2	.3	.5	.5	.6	.8	.8		
33	.3	.4	.5	.7	.8	.8	.9	.9		
32	.5	.6	.7	.8	.8	3.0	2.1	1.1	0.1	
31	.7	.8	.9	5.0	4.0	.1	.2	.2	.2	
30	7.9	7.0	6.1	5.2	4.2	3.3	2.4	1.4	0.4	
29	8.2	.2	.3	.4	.4	.5	.5	.6	.6	
28	.4	.5	.5	.6	.6	.7	.7	.8	.8	
27	.6	.7	.7	.8	.8	.9	.9	.9	1.0	
26	.8	.9	.9	6.0	5.0	4.0	3.1	2.1	.1	0.1

续表

溶液温度/℃	酒精计示值									
	10.0	9.0	8.0	7.0	6.0	5.0	4.0	3.0	2.0	1.0
	温度+20℃时用体积百分数表示酒精浓度									
25	9.0	8.1	7.1	6.2	5.2	4.2	3.2	2.3	1.3	0.3
24	.2	.3	.3	.3	.4	.4	.4	.4	.4	.4
23	.4	.4	.5	.5	.5	.6	.6	.6	.6	.6
22	.6	.6	.7	.7	.7	.7	.7	.7	.7	.7
21	.8	.8	.8	.8	.8	.8	.9	.9	.9	.9

附录3　温度20℃下乙醇含量（质量百分数与体积百分数）关系曲线

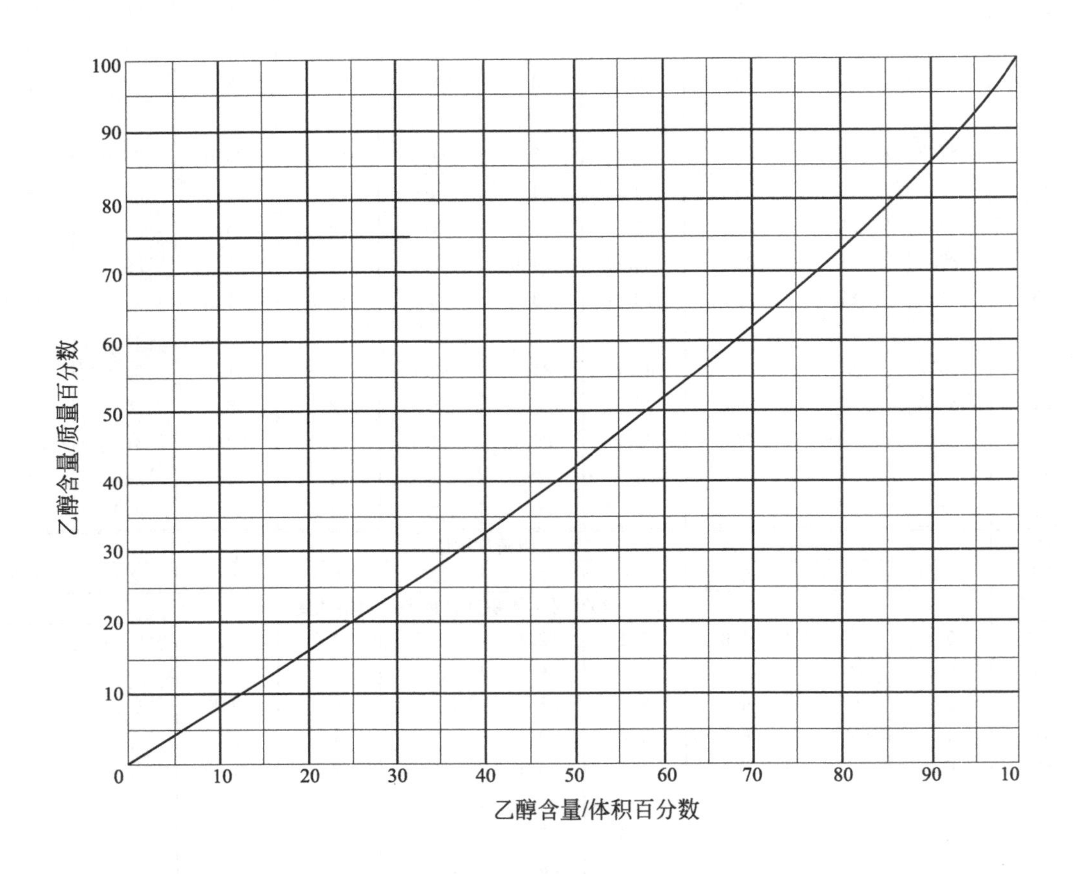

附录4　氨气水溶液的亨利系数

水温/℃	5	6	7	8	9	10	11	12	13
亨利系数/kPa	40.53	42.56	44.59	46.61	48.64	50.67	52.69	54.72	57.76
水温/℃	14	15	16	17	18	19	20	21	22
亨利系数/kPa	60.80	63.33	66.37	69.92	72.96	77.01	80.56	84.10	87.65

附录 5　铂铑$_{10}$-铂热电偶分度表

分度号：S

温度/℃	热电动势/μV									
	0	1	2	3	4	5	6	7	8	9
0	0	5	11	16	22	27	33	38	44	50
10	55	61	67	72	78	84	90	95	101	107
20	113	119	125	131	137	142	148	154	161	167
30	173	179	185	191	197	203	210	216	222	228
40	235	241	247	254	260	266	273	279	286	292
50	299	305	312	318	325	331	338	345	351	358
60	365	371	378	385	391	398	405	412	419	425
70	432	439	446	453	460	467	474	481	488	495
80	502	509	516	523	530	537	544	551	558	566
90	573	580	587	594	602	609	616	623	631	638
100	645	653	660	667	675	682	690	697	704	712
110	719	727	734	742	749	757	764	772	780	787
120	795	802	810	818	825	833	841	848	856	864
130	872	879	887	895	903	910	918	926	934	942
140	950	957	965	973	981	989	997	1005	1013	1021
150	1029	1037	1045	1053	1061	1069	1077	1085	1093	1101
160	1109	1117	1125	1133	1141	1149	1158	1166	1174	1182
170	1190	1198	1207	1215	1223	1231	1240	1248	1256	1264
180	1273	1281	1289	1297	1306	1314	1322	1331	1339	1347
190	1356	1364	1373	1381	1389	1398	1406	1415	1423	1432
200	1440	1448	1457	1465	1474	1482	1491	1499	1508	1516
210	1525	1534	1542	1551	1559	1568	1576	1585	1594	1602
220	1611	1620	1628	1637	1645	1654	1663	1671	1680	1689
230	1689	1706	1715	1724	1732	1741	1750	1759	1767	1776
240	1785	1794	1802	1811	1820	1829	1838	1846	1855	1864
250	1873	1882	1891	1899	1908	1917	1926	1935	1944	1953
260	1962	1971	1979	1988	1997	2006	2015	2024	2033	2042
270	2051	2060	2069	2078	2087	2096	2105	2114	2123	2132
280	2141	2150	2159	2168	2177	2186	2195	2204	2213	2222
290	2232	2241	2250	2259	2268	2277	2286	2295	2304	2314
300	2323	2332	2341	2350	2359	2368	2378	2387	2396	2405
310	2414	2424	2433	2442	2451	2460	2470	2479	2488	2497
320	2506	2516	2525	2534	2543	2553	2562	2571	2581	2590
330	2599	2608	2618	2627	2636	2646	2655	2664	2674	2683
340	2692	2702	2711	2720	2730	2739	2748	2758	2767	2776
350	2786	2795	2805	2814	2823	2833	2842	2852	2861	2870
360	2880	2889	2899	2908	2917	2927	2936	2946	2955	2965
370	2974	2984	2993	3003	3012	3117	3126	3136	3145	3155
380	3069	3078	3088	3097	3107	3117	3126	3136	3145	3155
390	3164	3174	3183	3193	3202	3212	3221	3231	3241	3250
400	3260	3269	3279	3288	3298	3308	3317	3327	3336	3346
410	3356	3365	3375	3384	3394	3404	3413	3423	3433	3442
420	3452	3462	3471	3481	3491	3500	3510	3520	3529	3539
430	3549	3558	3568	3578	3587	3597	3607	3616	3626	3636
440	3645	3655	3665	3675	3684	3694	3704	3714	3723	3733
450	3743	3752	3762	3772	3782	3791	3801	3811	3821	3831

续表

温度/℃	热电动势/μV									
	0	1	2	3	4	5	6	7	8	9
460	3840	3850	3860	3870	3879	3889	3899	3909	3919	3928
470	3938	3948	3958	3968	3977	3987	3997	4007	4017	4027
480	4036	4046	4056	4066	4076	4086	4095	4105	4115	4125
490	4135	4145	4155	4164	4174	4184	4194	4204	4214	4224
500	4234	4243	4253	4263	4273	4283	4293	4303	4313	4323
510	4333	4343	4352	4362	4372	4382	4392	4402	4412	4422
520	4432	4442	4452	4462	4472	4482	4492	4502	4512	4522
530	4532	4542	4552	4562	4572	4582	4592	4602	4612	4622
540	4632	4642	4652	4662	4672	4682	4692	4702	4712	4722
550	4732	4742	4752	4762	4772	4782	4792	4802	4812	4822
560	4832	4842	4852	4862	4872	4883	4893	4903	4913	4923
570	4933	4943	4953	4963	4973	4984	4994	5004	5014	5024
580	5034	5044	5054	5065	5075	5085	5095	5105	5115	5125
590	5136	5146	5156	5166	5176	5186	5197	5207	5217	5227
600	5237	5247	5258	5268	5278	5288	5298	5309	5319	5329
610	5339	5350	5360	5370	5380	5391	5401	5411	5421	5431
620	5442	5452	5462	5473	5483	5493	5503	5514	5524	5534
630	5544	5555	5565	5575	5586	5596	5606	5617	5627	5637
640	5648	5658	5668	5679	5689	5700	5710	5720	5731	5741
650	5751	5762	5772	5782	5793	5803	5814	5824	5834	5845
660	5855	5866	5876	5887	5897	5907	5918	5928	5939	5949
670	5960	5970	5980	5991	6001	6012	6022	6038	6043	6054
680	6064	6075	6085	6096	6106	6117	6127	6138	6148	6195
690	6169	6180	6190	6201	6211	6222	6232	6243	6253	6264
700	6274	6285	6295	6306	6316	6327	6338	6348	6359	6369
710	6380	6390	6401	6412	6422	6433	6443	6454	6465	6475
720	6486	6496	6507	6518	6528	6539	6549	6560	6571	6581
730	6592	6603	6613	6624	6635	6645	6656	6667	6677	6688
740	6699	6709	6720	6731	6741	6752	6763	6773	6784	6795
750	6805	6816	6827	6838	6848	6859	6870	6880	6891	6902
760	6913	6923	6934	6945	6956	6966	6977	6988	6999	7009
770	7020	7031	7042	7053	7063	7074	7085	7096	7107	7117
780	7128	7139	7150	7161	7171	7182	7193	7204	7215	7225
790	7236	7247	7258	7269	7280	7291	7301	7312	7323	7334
800	7345	7356	7367	7377	7388	7399	7410	7421	7432	7443
810	7454	7465	7476	7486	7497	7508	7519	7530	7541	7552
820	7563	7574	7585	7596	7607	7618	7629	7640	7651	7661
830	7672	7683	7694	7705	7716	7727	7738	7749	7760	7771
840	7782	7793	7804	7815	7826	7837	7848	7859	7870	7881
850	7892	7904	7935	7926	7937	7948	7959	7970	7981	7992
860	8003	8014	8025	8036	8047	8058	8069	8081	8092	8103
870	8114	8125	8136	8147	8158	8169	8180	8192	8203	8214
880	8225	8236	8247	8258	8270	8281	8292	8303	8314	8325
890	8336	8348	8359	8370	8381	8392	8404	8415	8426	8437
900	8448	8460	8471	8482	8493	8504	9516	8527	8538	8549
910	8560	8572	8583	8594	8605	8617	8628	8639	8650	8662
920	8673	8684	8695	8707	8718	8729	8741	8752	8763	8774
930	8786	8797	8808	8820	8831	8842	8854	8865	8876	8888
940	8899	8910	8922	8933	8944	8956	8967	8978	8990	9001
950	9012	9024	9035	9047	9058	9069	9081	9092	9103	9115
960	9126	9138	9149	9160	9172	9183	9195	9206	9217	9229
970	9240	9252	9263	9275	9286	9298	9309	9320	9332	9343
980	9355	9366	9378	9389	9404	9412	9424	9435	9447	9458
990	9470	9481	9493	9504	9516	9527	9539	9550	9562	9573

附录 6　镍铬-铜镍热电偶分度表

分度号：E

温度/℃	热电动势/μV									
	0	10	20	30	40	50	60	70	80	90
0	0	591	1192	1801	2419	3047	3683	4329	4983	5646
100	6317	6996	7683	8377	9078	9787	10501	11222	11949	12681
200	13419	14161	14909	15661	16417	17178	17942	18710	19481	20256
300	21033	21814	22597	23383	24171	24961	25754	26549	27345	28143
400	28943	29744	30546	31350	32155	32960	33767	34574	35382	36190
500	36999	37808	38617	39426	40236	41045	41853	42662	43470	44278
600	45085	45891	46697	47502	48306	49109	49911	50713	51513	52312
700	53110	53907	54703	55498	56291	57083	57873	58663	59451	60237
800	61022	61806	62588	63368	64147	64924	65700	66473	67245	68015
900	68783	69549	70313	71075	71835	72593	73350	74104	74857	75608
1000	76358									

附录 7　镍铬-镍硅热电偶分度表

分度号：K

温度/℃	热电动势/μV									
	0	1	2	3	4	5	6	7	8	9
0	0	39	79	119	158	198	238	277	317	357
10	397	437	477	517	557	597	637	677	718	758
20	798	838	879	919	960	1000	1041	1081	1122	1162
30	1203	1244	1285	1325	1366	1407	1448	1489	1529	1570
40	1611	1652	1693	1734	1776	1817	1858	1899	1940	1981
50	2022	2064	2105	2146	2188	2229	2270	2312	2353	2394
60	2436	2477	2519	2560	2601	2643	2684	2726	2767	2809
70	2850	2892	2933	2975	3016	3058	3100	3141	3183	3224
80	3266	3307	3349	3390	3432	3473	3515	3556	3598	3639
90	3681	3722	3764	3805	3847	3888	3930	3971	4012	4054
100	4095	4137	4178	4219	4261	4302	4343	4384	4426	4467
110	4508	4549	4590	4632	4673	4714	4755	4796	4837	4878
120	4919	4960	5001	5042	5083	5124	5164	5205	5246	5287
130	5327	5368	5409	5450	5490	5531	5571	5612	5652	5693
140	5733	5774	5814	5855	5895	5936	5976	6016	6057	6097
150	6137	6177	6218	6258	6298	6338	6378	6419	6459	6499
160	6539	6579	6619	6659	6699	6739	6779	6819	6859	6899
170	6939	6979	7019	7059	7099	7139	7179	7219	7259	7299
180	7338	7378	7418	7458	7498	7538	7578	7618	7658	7697
190	7737	7777	7817	7857	7897	7937	7977	8017	8057	8097
200	8137	8177	8216	8256	8296	8336	8376	8416	8456	8497
210	8537	8577	8617	8657	8697	8737	8777	8817	8857	8898
220	8938	8978	9018	9058	9099	9139	9179	9220	9260	9300

续表

温度/℃	热电动势/μV									
	0	1	2	3	4	5	6	7	8	9
230	9341	9381	9421	9462	9502	9543	9583	9624	9664	9705
240	9745	9786	9826	9867	9907	9948	9989	10029	10070	10111
250	10151	10192	10233	10274	10315	10355	10396	10437	10478	10519
260	10560	10600	10641	10682	10723	10764	10805	10846	10887	10928
270	10969	11010	11051	11093	11134	11175	11216	11257	11298	11339
280	11381	11422	11463	11504	11546	11587	11628	11669	11711	11752
290	11793	11835	11876	11918	11959	12000	12042	12083	12125	12166
300	12207	12249	12290	12332	12373	12415	12456	12498	12539	12581
310	12623	12664	12706	12747	12789	12831	12872	12914	12955	12997
320	13039	13080	13122	13164	13205	13247	13289	13331	13372	13414
330	13456	13497	13539	13581	13623	13665	13706	13748	13790	13832
340	13874	13915	13957	13999	14041	14083	14125	14167	14208	14250
350	14292	14334	14376	14418	14460	14502	14544	14586	14628	14670
360	14712	14754	14796	14838	14880	14922	14964	15006	15468	15510
370	15132	15174	15216	15258	15300	15342	15384	15426	15468	15510
380	15552	15594	15636	15679	15721	15763	15805	15847	15889	15931
390	15974	16016	16058	16100	16142	16184	16227	16269	16311	16353
400	16395	16438	16480	16522	16564	16607	16649	16691	16733	16776
410	16818	16860	16902	16945	16987	17029	17072	17114	17156	17199
420	17241	17283	17326	17368	17410	17453	17495	17537	17580	17622
430	17664	17707	17749	17792	17834	17876	17919	17961	18004	18046
440	18088	18131	18173	18216	18258	18301	18343	18385	18428	18470
450	18513	18555	18598	18640	18683	18725	18768	18810	18853	18895
460	18938	18980	19023	19065	19108	19150	19193	19235	19278	19320
470	19363	19405	19448	19490	19533	19576	19618	19661	19703	19476
480	19788	19831	19873	19916	19959	20001	20044	20086	20129	20172
490	20214	20257	20299	20342	20385	20427	20470	20512	20555	20598
500	20640	20683	20725	20768	20811	20853	20896	20938	20981	21024
510	21066	21109	21152	21194	21237	21280	21322	21365	21407	21450
520	21493	21535	21578	21621	21663	21706	21749	21791	21834	21876
530	21919	21962	22004	22047	22090	22132	22175	22218	22260	22303
540	22346	22388	22431	22473	22516	22559	22601	22644	22687	22729
550	22772	22815	22857	22900	22942	22985	23028	23070	23113	23156
560	23198	23241	23284	23326	23369	23411	23454	23497	23539	23582
570	23624	23667	23710	23752	23795	23837	23880	23923	23965	24008
580	24050	24093	24136	24178	24221	24263	24306	24348	24391	24434
590	24476	24519	24561	24604	24646	24689	24731	24774	24817	24859
600	24902	24944	24987	25029	25072	25114	25157	25199	25242	25284
610	25327	25369	25412	25454	25497	25539	25582	25624	25666	25709
620	25751	25794	25836	25879	25921	25964	26006	26048	26091	26133
630	26176	26218	26260	26303	26345	26387	26430	26472	26515	26557
640	26599	26642	26684	26726	26769	26811	26853	26896	26938	26980
650	27022	27065	27107	27149	27192	27234	27276	27318	27261	27403
660	27445	27487	27529	27572	27614	27656	27698	27740	27783	27825
670	27867	27909	27951	27993	28035	28078	28120	28162	28204	28246
680	28288	28330	28372	28414	28456	28498	28540	28583	28625	28667
690	28709	28751	28793	28835	28877	28919	28961	29002	29044	29086
700	29128	29170	29212	29254	29296	29338	29380	29422	29464	29505

续表

温度/℃	热电动势/μV									
	0	1	2	3	4	5	6	7	8	9
710	29547	29589	29631	29673	29715	29756	29798	29840	29882	29924
720	29965	30007	30049	30091	30132	30174	30216	30257	30299	30341
730	30383	30424	30466	30508	30549	30591	30632	30674	30716	30757
740	30799	30840	30882	30924	30965	31007	31048	31090	31131	31173
750	31214	31256	31297	31339	31380	31422	31463	31504	31546	31587
760	31629	31670	31712	31753	31794	31836	31877	31918	31960	32001
770	32042	32084	32125	32166	32207	32249	32290	32331	32372	32414
780	32455	32496	32537	32578	32619	32661	32702	32743	32784	32825
790	32866	32907	32948	32990	33031	33072	33113	33154	33195	33236
800	33277	33318	33359	33400	33441	33482	33523	33564	33604	33645
810	33686	33727	33768	33809	33850	33891	33931	33972	34013	34054
820	34095	34136	34176	34217	34258	34299	34339	34380	34421	34461
830	34502	34543	34583	34624	34665	34705	34746	34787	34827	34868
840	34909	34949	34990	35030	35071	35111	35152	35192	35233	35273
850	35314	35354	35395	35436	35476	35516	35557	35597	35637	35678
860	35718	35758	35799	35839	35880	35920	35960	36000	36041	36081
870	36121	36162	36202	36242	36282	36323	36363	36403	36443	36483
880	36524	36564	36604	36644	36684	36724	36764	36804	36844	36885
890	36925	36965	37005	37045	37085	37125	37165	37205	37245	37286
900	37325	37365	37405	37445	37484	37524	37564	37604	37644	37684
910	37724	37764	37803	37843	37883	37923	37963	38002	38042	38082
920	38122	38162	38201	38241	38281	38320	38360	38400	38439	38479
930	38519	38558	38598	38638	38677	38717	38756	38796	38836	38876
940	38915	38954	38994	39033	39073	39112	39152	39191	39231	39270
950	39310	39349	39388	39428	39487	39507	39546	39585	39625	39664
960	39703	39743	39782	39821	39881	39900	39939	39979	40018	40057
970	40096	40136	40175	40214	40253	40292	40332	40371	40410	40449
980	40488	40527	40566	40605	40645	40684	40723	40762	40801	40849
990	40879	40918	40957	40996	41035	41074	41113	41152	41191	41230

附录 8　铂电阻分度表

分度号：Pt100　　　　R_0＝100.00Ω

温度/℃	电阻值/Ω									
	0	1	2	3	4	5	6	7	8	9
0	100.00	100.39	100.78	101.17	101.56	101.95	103.34	102.73	103.13	103.51
10	103.90	104.29	104.68	105.07	105.46	105.85	106.24	106.63	107.02	107.40
20	107.79	108.18	108.57	108.96	109.35	109.73	110.12	110.51	110.90	111.28
30	111.67	112.06	112.45	112.83	113.22	113.61	113.99	114.38	114.77	115.15
40	115.54	115.93	116.31	116.70	117.08	117.47	117.85	118.24	118.62	119.01
50	119.40	119.78	120.16	120.55	120.93	121.32	121.70	122.09	122.47	122.86
60	123.24	123.62	124.01	124.39	124.77	125.16	125.54	125.92	126.31	126.69
70	127.07	127.45	127.84	128.22	128.60	128.98	129.37	129.75	130.13	130.51
80	130.89	131.27	131.66	132.04	132.42	132.80	133.18	133.56	133.94	134.32
90	134.70	135.08	135.46	135.84	136.22	136.60	136.98	137.36	137.74	138.12
100	138.50	138.88	139.26	139.24	139.64	140.02	140.39	140.77	141.15	141.53

续表

温度/℃	电阻值/Ω									
	0	1	2	3	4	5	6	7	8	9
110	142.29	142.66	143.04	143.42	143.80	144.17	144.55	144.93	145.31	145.68
120	146.06	146.44	146.81	147.19	147.57	147.94	148.32	148.70	149.07	149.45
130	149.82	150.20	150.57	150.95	151.33	151.70	152.08	152.45	152.83	153.20
140	153.58	153.95	154.32	154.70	155.07	155.45	155.82	156.19	156.57	156.94
150	157.31	157.69	158.06	158.43	158.81	159.18	159.55	159.93	160.30	160.67
160	161.04	161.42	161.79	162.16	162.53	162.90	163.27	163.65	164.02	164.39
170	164.76	165.13	165.50	165.87	166.24	166.61	166.98	167.35	167.72	168.09
180	168.46	168.83	169.20	169.57	169.94	170.31	170.68	171.05	171.42	171.79
190	172.16	172.53	172.90	173.26	173.63	174.00	174.37	174.74	175.10	175.47
200	175.84	176.21	176.57	176.94	177.31	177.68	178.04	178.41	178.78	179.14
210	179.51	179.88	180.24	180.61	180.97	181.34	181.71	182.07	182.44	182.80
220	183.17	183.53	183.90	184.26	184.63	184.99	185.36	185.72	186.09	186.45
230	186.82	187.18	187.54	187.91	188.27	188.63	189.00	189.36	189.72	190.09
240	190.45	190.81	191.18	191.54	191.90	192.26	192.63	192.99	193.35	193.71
250	194.07	194.44	194.80	195.16	195.52	195.88	196.24	196.60	196.96	197.33
260	197.69	198.05	198.41	198.77	199.13	199.49	199.85	200.21	200.57	200.93
270	201.29	201.65	202.01	202.36	202.72	203.08	203.44	203.80	204.16	204.52
280	204.88	205.23	205.59	205.95	206.31	206.67	207.02	207.38	207.74	208.10
290	208.45	208.81	209.17	209.52	209.88	210.24	210.59	210.95	211.31	211.66
300	212.02	212.37	212.73	213.09	213.44	213.80	214.15	214.51	214.86	215.22
310	215.57	215.93	216.28	216.64	216.99	217.35	217.70	210.05	218.41	218.76
320	219.12	219.47	219.82	220.18	220.53	220.88	221.24	221.59	221.94	222.29
330	222.65	223.00	223.35	223.70	224.06	224.41	224.76	225.11	225.46	225.81
340	226.17	226.52	226.87	227.22	227.57	227.92	228.27	228.62	228.97	229.32
350	229.67	230.02	230.37	230.72	231.07	231.42	231.77	232.12	232.47	232.82
360	233.17	233.52	233.87	234.22	234.56	234.91	235.26	235.61	235.96	236.31
370	236.65	237.00	237.35	237.70	238.04	238.39	238.74	239.09	239.43	239.78
380	240.13	240.47	240.82	241.17	241.51	241.86	242.20	242.55	242.90	243.24
390	243.59	243.93	244.28	244.62	244.97	245.31	245.66	246.00	246.35	246.69
400	247.04	247.38	247.73	248.07	248.41	248.76	249.10	249.45	249.79	250.13
410	250.48	250.82	251.16	251.50	251.85	252.19	252.53	252.88	253.22	253.56
420	253.90	254.24	254.59	254.93	255.27	255.61	255.95	256.29	256.64	256.98
430	257.32	257.66	258.00	258.34	258.68	259.02	259.36	259.70	260.06	260.38
440	260.72	261.06	261.40	261.74	262.08	262.42	262.76	263.10	263.43	263.77
450	264.11	264.45	264.79	265.13	265.47	265.80	266.14	266.48	266.82	267.15
460	267.49	267.83	268.17	268.50	268.84	269.18	269.51	269.85	290.19	270.52
470	270.86	271.20	271.53	271.87	272.20	272.54	272.88	273.21	273.55	273.88
480	274.22	274.55	274.89	275.22	275.56	275.89	276.23	276.56	276.89	277.23
490	277.56	277.90	278.23	278.56	278.90	279.23	279.56	279.90	280.23	280.56
500	280.90	281.23	281.56	281.89	282.23	282.56	282.89	283.22	283.55	283.89
510	284.22	284.55	284.88	285.21	285.54	285.87	286.21	286.54	286.87	287.20
520	287.53	287.86	288.19	288.52	288.85	289.18	289.51	289.84	290.17	290.50
530	290.83	291.16	291.49	291.81	292.14	292.47	292.80	293.13	293.46	293.79
540	294.11	294.44	294.77	295.10	295.43	295.75	296.08	296.41	296.74	297.06
550	297.39	297.72	298.04	298.37	298.70	299.02	299.35	299.68	300.00	300.33
560	300.65	300.98	301.31	301.63	301.96	202.28	302.61	302.93	303.26	303.58
570	303.91	304.23	304.56	304.88	305.20	305.53	305.85	306.18	306.50	306.82
580	307.15	307.47	307.79	308.12	308.44	308.76	309.09	309.41	309.73	310.05
590	310.38	310.70	311.02	311.34	311.67	311.99	312.31	312.63	312.95	313.27
600	313.59	313.92	313.24	314.56	314.88	315.20	315.52	315.84	316.16	316.48
610	316.80	317.12	317.44	317.76	318.08	318.40	318.72	319.04	319.36	319.68
620	319.99	320.31	320.63	320.95	321.27	312.59	321.91	322.22	322.54	322.86
630	323.18	323.49	323.81	324.13	234.45	324.76	325.08	325.40	325.72	326.03
640	326.35	326.66	326.98	327.30	327.61	327.93	328.25	328.56	328.88	329.19
650	329.51	329.82	330.14	330.45	330.77	331.08	331.40	331.71	331.03	332.34

附录 9 铜电阻（Cu50）分度表

分度号：Cu50 $R_0=50\Omega$，$\alpha=0.004280$

温度/℃	电阻值/Ω									
	0	1	2	3	4	5	6	7	8	9
−50	39.29	—	—	—	—	—	—	—	—	—
−40	41.40	41.18	40.09	40.75	40.54	40.32	40.10	38.89	39.67	39.46
−30	43.55	43.34	43.12	42.91	42.69	42.48	42.27	42.05	41.83	41.61
−20	45.70	45.49	45.27	45.06	44.34	44.63	44.41	44.20	43.98	43.77
−10	47.85	47.64	47.42	47.21	46.99	46.78	46.56	46.35	46.13	45.92
−0	50.00	49.78	49.57	49.35	49.14	48.92	48.71	48.50	48.28	48.07
0	50.00	50.21	50.43	50.64	50.86	51.07	51.28	51.50	51.71	51.93
10	52.14	52.36	52.57	52.78	53.00	53.21	53.43	53.64	53.86	54.07
20	54.28	54.50	54.71	54.92	55.14	55.35	55.57	55.78	56.00	56.21
30	56.42	46.64	56.85	57.07	57.28	57.49	57.71	57.92	58.14	58.35
40	58.56	58.78	58.99	59.20	59.42	59.63	59.85	60.06	60.27	60.49
50	60.70	60.92	61.13	61.34	61.56	61.77	61.98	62.20	62.41	62.63
60	62.48	63.05	63.27	63.48	63.70	63.91	64.12	64.34	64.55	64.76
70	64.98	65.19	65.41	65.62	65.83	66.05	66.26	66.48	66.69	66.90
80	67.12	67.33	67.54	67.76	67.97	68.19	68.40	68.62	68.83	69.04
90	69.26	69.47	69.68	69.90	70.11	70.33	70.54	70.76	70.97	17.18
100	71.40	71.61	71.83	72.04	72.25	72.47	72.68	72.90	73.11	73.33

附录 10 铜电阻（Cu100）分度表

分度号：Cu100 $R_0=100\Omega$，$\alpha=0.004280$

温度/℃	电阻值/Ω									
	0	1	2	3	4	5	6	7	8	9
−50	78.49	—	—	—	—	—	—	—	—	—
−40	82.80	82.36	81.94	81.50	81.08	80.64	80.20	790.78	79.34	78.92
−30	87.10	88.68	86.24	85.82	85.38	84.95	84.54	84.10	83.66	83.22
−20	91.40	90.98	90.54	90.12	89.68	86.26	88.82	88.40	87.96	87.54
−10	95.70	95.28	94.84	94.42	93.98	93.56	93.12	92.70	92.26	91.84
−0	100.00	99.56	99.14	98.70	98.28	97.84	97.42	97.00	96.56	96.14
0	100.00	100.42	100.86	101.28	101.72	102.14	102.56	103.00	103.43	103.86
10	104.28	104.72	105.14	105.56	106.00	106.42	106.86	107.28	107.72	108.14
20	108.56	109.00	109.42	109.84	110.28	110.70	111.14	111.56	112.00	114.42
30	112.84	113.28	113.70	114.14	114.56	114.98	115.42	115.84	116.28	116.70
40	117.12	117.56	117.98	118.40	118.84	119.26	119.70	120.12	120.54	120.98
50	121.40	121.84	122.26	122.68	123.12	123.54	123.96	124.40	124.82	125.26
60	125.68	126.10	126.54	126.96	127.40	127.82	128.24	128.68	129.10	129.52
70	129.96	130.38	130.82	131.24	131.66	132.10	132.52	132.96	133.38	133.80
80	134.24	134.66	135.08	135.52	135.94	136.33	136.80	137.24	137.66	138.08
90	138.52	138.94	139.36	139.80	140.22	140.66	141.08	141.52	141.94	142.36
100	142.80	143.22	143.66	144.08	144.50	144.94	145.36	145.80	146.22	146.66
110	147.08	147.50	149.94	148.36	148.80	149.22	149.66	150.08	150.52	150.94
120	151.36	151.80	152.22	152.66	135.08	153.52	153.94	154.38	154.80	155.24
130	155.66	156.10	156.52	156.96	157.38	157.82	158.24	158.68	159.10	159.54
140	159.96	160.40	160.82	161.28	161.68	162.12	162.54	162.98	163.40	163.84
150	164.27	—	—	—	—	—	—	—	—	—

参 考 文 献

[1] 厉玉鸣. 化工仪表及自动化（第六版）. 北京：化学工业出版社，2019.
[2] 肖明耀. 误差理论与应用. 北京：计量出版社，1985.
[3] 冯亚云. 化工基础实验. 北京：化学工业出版社，2000.
[4] 雷良恒等. 化工技术基础实验. 北京：清华大学出版社，1994.
[5] 张金利等. 化工技术基础实验. 天津：天津大学出版社，2005.
[6] 王磊等. 试验设计基础. 重庆：重庆大学出版社，1997.
[7] 夏清等. 化工原理. 天津：天津大学出版社，2005.
[8] 于遵宏. 化工过程开发. 上海：华东理工大学出版社，1996.
[9] 栾军. 现代试验设计优化方法. 上海：上海交通大学出版社，1995.
[10] 周爱月. 化工数学（第三版）. 北京：化学工业出版社，2011.
[11] 林爱光. 化学工程基础. 北京：清华大学出版社，1999.
[12] 陈兆能. 试验分析与设计. 上海：上海交通大学出版社，1991.
[13] 杨祖荣. 化工原理实验（第二版）. 北京：化学工业出版社，2014.